U0157861

都红玉 著

建筑实体的消解

中央民族大学出版社
China Minzu University Press

图书在版编目（CIP）数据

建筑实体的消解／都红玉著．－－北京：中央民族大学出版社，
2020.6（2020.9 重印）

ISBN 978-7-5660-1698-0

Ⅰ.①建…　Ⅱ.①都…　Ⅲ.①建筑设计－建筑史－研究－世界
Ⅳ.①TU2-091

中国版本图书馆 CIP 数据核字（2019）第 171368 号

建筑实体的消解

著　　　者	都红玉
责任编辑	杨爱新
责任校对	赵　静
封面设计	舒刚卫
插　　图	都红玉
出 版 者	中央民族大学出版社

北京市海淀区中关村南大街27号　　邮编：100081

电话：（010）68472815（发行部）　传真：（010）68933757（发行部）
　　　（010）68932218（总编室）　　　　（010）68932447（办公室）

发 行 者	全国各地新华书店
印 刷 厂	北京鑫宇图源印刷科技有限公司
开　　本	787×1092　1/16　印张：22.75
字　　数	170千字
版　　次	2020年6月第1版　2020年9月第2次印刷
书　　号	ISBN 978-7-5660-1698-0
定　　价	68.00元

目　录 >>>>>

建筑实体
的消解

绪　论 >>>>

建筑实体
的消解

　　在中国许多城市都可以看到相似的高楼大厦，排列式楼群组合，仿佛千城一面，毫无自己的城市个性和特点，建筑也没有精致的细部和人性化设计，这种城市面貌和建筑让人困惑和心生疑问，这些建筑和城市如此相似，它们从何而来，未来又应该往何处去呢？

一、相似的现代建筑

　　我国城市化发展在短短几十年间蓬勃兴起，大量的建筑如雨后春笋般拔地而起，它们的设计风格源于西方的现代主义建筑。西方现代工业化开始之前，在长期的历史进程中，建筑形态的发展一直很缓慢，进入工业化时期，为了应对城市集约化和人口的高密度，出现了现代主义建筑，其简洁明快的装饰风格、模数化装配式的建造方式大大提高了设计与施工效率，建造量在短短若干年内就达到了以往几百年都不敢想象的规模，城市化速度大大加快，出现了许多经济高效运行的大中型城市，现代主义建筑为城市化和经济发展做出了巨大的贡献。

中国比西方发达资本主义国家工业化进程晚了一百多年，直到中华人民共和国成立后的20世纪60年代，我国才进入工业化阶段。中国传统的建筑形式无法适应高密度城市的发展，在此情况下，我国的现代建筑几乎全盘照抄西方现代主义建筑的设计方法，现代主义建筑形式既对我国的工业化发展发挥了极大作用，但也带来了一些负面效应，例如建筑的地方特色、民族特色迅速消失，造成千城一面、建筑面貌呆板的负面效应。

现在中国经济发展和城市建设进入了内涵式发展时期，"多快好省"建设，仅仅满足最基本的功能需求的建筑和城市，已然不能满足人们心灵寄托、文化憧憬的人文需求，建筑设计如何满足人们对于本土地域文化的内在需求，满足人们日益增长的生活品质要求，在当今生活中变得越来越急迫。那么向谁学习来解决我们自身的问题呢？向西望去，这一时期正是西方后现代主义设计思潮盛行之时。

在经历了长期的现代主义建筑发展历程后，西方在20世纪60年代末期进入后现代主义建筑时期，进入对工业化的反思阶段，出现了各种建筑思潮。我国没有这个建筑思想变革过程，因此缺乏理论根基，在这些时新的潮流和千姿百态的设计方法背后，实际上有历史潮流的推动，社会大趋势的海下冰山作为支撑。只有认识到这些思想的内在根源，从我们的现实发展情况出发，与我们的文化进行对接，才能生发出对我们有益的设计见解，产生适应时代，具有地域特色的设计作品。否则很容易陷入各种设计潮流的洪流中让人无所适从。如果只是看着国外建筑图册上时新的款式，照搬照抄，就是为形式而形式，无法孕育出自身的判断力和设计能力，学习不知应学什么，探索不知应往哪里去，仿佛海上漂浮的泡沫，零散虚幻，随波逐流。

本书的写作正缘于作者对国外设计理论发展的学习和思考，希望就学习所想与大家共同交流。

二、设计背后的概念

当代的建筑设计思想如此之多，设计思潮如此丰富，蕴含了人们如何看待世界的世界观，与自然如何相处的自然观，如何认识人类社会的社会观等多方面的认识和探索，折射出人类科学发展、美学探讨、哲学沉思等多维度的光辉，涉及技术、构造、材料等多领域的革新与发展。林林总总不一而足，我们容易被建筑设计丰富现象和形式所扰，陷入"乱花渐欲迷人眼"的迷茫状态。

我打算在关注设计案例时，从设计概念着眼而不从设计形式出发加以归类阐述。

设计概念在建筑设计中是十分重要的。许多优秀的建筑师在设计方案之初，都会有自己特有的研究过程，研究的侧重点根据设计师的思考方式和实践经历各不相同。譬如有侧重历史、场地、环境文脉的；有侧重技术进步、材料运用、设计方法的；有侧重功能分析、使用者需求的；有侧重形式语言、空间意象的；等等。在研究思考之后，提出方案概念，使得方案能体现设计师独特的个性和解决问题的途径。

设计师在建筑设计之初提出设计概念，在设计中用这个概念指导和贯穿设计的方方面面。对空间的不同概念，决定了设计的最终面貌，设计中采用的技术和方法都是使这一设计概念得以实现的手段。

设计者提出自己的设计概念须建立在了解建筑历史、社会大趋势、各种学科发展成果的基础之上，建立在踏踏实实研究的基础之上，这样才能提出正面、前瞻性，对社会有助益的，切合历史发展潮流，融合各学科发展的最新成就的概念。

以概念为设计导向，研究探寻设计概念本身的思想来源，对于设计者形成自己的设计思维和设计见解、增强自身原创能力有诸多裨益。

这样也能尽量地撇去设计思潮表面光怪陆离的形式泡沫，去探寻时髦怪诞背景下真实的设计诉求。

三、概念设计的实验性

我们经常能看到许多怪异的无法实现的设计方案，我们常常有疑问，这些方案是为博眼球而存在的吗？它们有存在的意义吗？这就要提到概念设计的实验性。

概念设计具有前瞻性和实验性的特点。建筑实践分为常规建筑和实验性建筑，常规建筑是实际工程中采用既有解决之道大量建设的建筑，而实验性建筑存在批判性和探索性。实验性建筑并不一定要建成，但却具有探索性、先锋性、创新性的价值，探索追问"何以成为建筑"。

本书例举的许多设计概念和概念建筑的例证，有一些在人们看来是"异想天开"的或者说是科幻建筑，这些概念设计基于实验主义建筑美学，"实验主义建筑美学是摆脱把建筑思辨化的做法，提倡一种探索、检验、试错的或可错的批判理性主义的精神。实验建筑并不是没有任何规则，它只是寻求拓展甚至打破常规而获得自身的建构"[①]。"在一般意义上，'实验'主要是指艺术行为对现有秩序的背叛和不断的探索，其结果可能并非走向坦途而成为'试验品'。"[②]

我们提倡概念设计要有一些前瞻性、实验性，但实验性建筑并不

---

① 李建军.从先锋派到先锋文化——美学批判语境中的当代西方先锋主义建筑[M].南京：东南大学出版社，2010:318.

② 李建军.从先锋派到先锋文化——美学批判语境中的当代西方先锋主义建筑[M].南京：东南大学出版社，2010:316.

是空穴来风、无源之水，它有严谨的构思和科学的设计过程。

"帕芮克·舒马赫认为创新并不仅仅是新的或不同的，也不是'什么都行'。因此，当今的先锋实践首要任务是审视社会并发现建筑问题，第二个任务就是探索新的设计媒介与模型技术。"[①] 实验概念的生发不是空穴来风，不是天马行空、特立独行。

例如荷兰的MVRDV建筑事务所就是这样一家喜欢生产"怪异"建筑的研究型事务所，他们将研究分析作为设计概念生成的重要方法，MVRDV的很多作品甚至只是一种研究性构想。MVRDV在1997年出版的 *Meta City Data Town* 中设想构思了未来城市，这些人们看起来匪夷所思的构想是基于大量的资料分析、精确的数据演算和符合逻辑的构想而得出的研究性成果。

因此我们会提到很多可实现的设计概念，也会提到许多现在无法实现、实验性的设计概念。

---

① 李建军.从先锋派到先锋文化 —— 美学批判语境中的当代西方先锋主义建筑[M].南京：东南大学出版社，2010:302.

四、本书结构

本书的写作出发点是从西方建筑设计思潮发展脉络中，寻找一些超越形式的内在线索。建筑的设计概念和设计思想探索涉及方方面面，本书仅从建筑发展中的一种历史趋势 —— 实体的消解入手，试图将与这一趋势相关的设计思想和设计概念归结起来加以陈述，期望从社会发展的进程、建筑历史的本源寻根探源，探寻建筑设计现象背后的历史趋势。

本书阐述了建筑设计从传统建筑到现代建筑在体量、表皮与空间方面的发展变化，尤其是越来越轻量化、透明化、抽象化的趋势，这种趋势直观地体现为实体的消解。

实体消解的趋势有着政治、经济、文化等各方面的根源。本书首先分析这种现象的时代背景和缘由，然后着重讨论建筑艺术在表皮、形态、空间、结构四个方面呈现出的相关趋势，并从现象中提炼出若干设计概念进行层层剖析，通过大量的建筑设计案例佐证，将诸多与实体的消解概念相关的设计思想、设计概念归纳到若干历史脉络中去，探索设计表象之后的内部动力和思想源泉，以此理解这些设计概念背后的历史意义、当今的社会价值和未来可能的发展趋势。

作者谨将自己以管窥豹的点滴认识呈现于众人之前，以期抛砖引玉，望各位专家学者不吝赐教。

第一章 >>>>

实体消解的概念

谈到建筑实体的消解，得先说到建筑的实体和它的对应面 —— 虚空间，这两者相互依存，相互转化。实体的消解过程也就是由实转虚的过程，也可以说是从着重建筑实体设计转换为关注建筑空间设计的过程。

一、实体与空间

（一）空间认识

西方和东方对于空间的认识是有差异的，从空间的字面来说，英语的"space"有"宇宙"的意思，从数学思维上来说是尺度大小的概念，是由尺度大小区分的空间，这样的概念定义符合西方文化"数学秩序"强、规则性严格的特点。而东方的"空间"，就中国汉字来说，这个词可分为"空"和"间"两个字，"空"是和实体这个可见物相对的概念，表达了它不可见的特性，"间"表达的是关系，因此可以看出东方思维将空间看作各种物在相互关系影响下形成的空的部分。这个含义体现了东方文化的模糊性以及重视各种因素之间关系的特点。

对空间的这种认知的差异，与东西方哲学和思想的构建基础密切相关。西方哲学思想深受数学之父毕达哥拉斯、柏拉图、几何学之父欧几里得的影响，"和谐""数字""理性"和"几何"成了西方文化的关键词，认为通过数学可以接近真理，因此，西方人基于数学的逻辑，形成了客观而绝对的价值观。

东方文化以儒、释、道为基础，与西方哲学有很大不同。东方人重视因素之间的相互关系，例如中国古代哲学的阴阳学说，阴鱼和阳鱼负阴抱阳，两者相互依存，互相掺杂，此消彼长，互为一体。

老子说："有无相生，难易相成，长短相形，高下相倾，音声相和，前后相随，……"[①] "有"和"无"相互依存，相互转化。"无"，或者说"空"在东方文化里不是真的一无所有，虚境指由实境诱发和开拓的审美想象空间。例如，在中国传统书画里就能看到"计白当黑，以虚为实"的手法，留白用虚给人以无限的想象力，用实的笔法、墨色之间的关系来营造虚的意境和想象空间。虚境通过实境来实现，实境要在虚境

---

① 老子.道德经[M].李若水，译评.北京：中国华侨出版社，2014.6.

图1.1　视觉认知图《面孔和花瓶》

的统摄下来加工。在这里，"虚实相生"成为意境独特的艺术结构方式。

（二）空间与实体的关系

空间与实体是互为依存的关系。老子说"有无相生"，空间与围合空间的实体互为依存，是一种图底关系。丹麦格式塔心理学家埃德加·鲁宾（1886 — 1951）1915年的一幅视觉认知图《面孔和花瓶》（如图1.1），能很好地表达实体与虚空之间的关系：将图中的白色人面影像当作实体，他们之间的黑色就成了虚空的背景；把图中黑色的区域作为花瓶的主体时，白色的部分就变成了背景。人脸和花瓶之所以被人所辨识，是将对方视作背景的缘故，主体和背景相互依存，取消背景，主体物也随之消失。

同样地，建筑实体的"有"和建筑空间的

"无"，也是一对具有依存关系的概念。建筑实体过多则建筑空间部分就会失去潜在的使用可能性；空间过多实体部分过少，则难以形成空间围合，没有足够的场域围合感。

空间与实体也是目的与结果的关系。老子《道德经》中说："凿户牖以为室，当其无，有室之用。故有之以为利，无之以为用。"[①] 开窗户造房子，正因为房子里有空间可以用来居住，实现了房屋的功能，才能称之为房屋。相对于"无"的"有"这部分，即这里所说的房子的实体部分，它提供了人们可以操作、可以凭借的条件，围合出了"无"，也就是人们拿来居住使用的空间部分功能。可见，人们为了获取建筑中空的可使用的部分，营建了建筑实体。

因此要获得人们所需要的空间，必然要建造建筑实体本身，当人们对空间的容积、品质等特性需求发生改变时，建筑实体的营造围合方式也应当随之发生变化。当建筑实体营造手段出现进步与变革时，人对于空间的获取也将获得更大程度的解放。

---

① 老子.道德经[M].李若水，译评.北京：中国华侨出版社，2014.6.

（三）东西方建筑空间美学的差异

东方的传统木作建筑由木构架承担支撑作用，墙体起到围护作用，能做到"墙倒屋不塌"，空间可以做得十分通透开敞，特别是气候温和的南方地区，空间的流动性更为明显。

在设计中虚空间不等于"无"，它在设计中占有重要的位置，运用虚实关系营造空间氛围的手法在东方造园中体现得尤为明显，例如日本的枯山水造景，在庭院空地上安置几块石头象征岛屿，余下的地面用白沙耙出纹理象征大海，石头的形态和摆放很注意相互的位置关系，整个枯山水虚实的关系给人以无限的想象空间，营造出深远的意境。

西方传统上采用的是砖石建筑，由于砖石抗压不抗拉的物理性能，形成了开窗小、体量感强的建筑特征，空间被约束在封闭性很强的墙体中，空间比较静止，流动感不强。

在西方古代建筑历史上，以建筑实体的宏大气势、精美的雕饰营造了迷人的建筑艺术，实体在建筑艺术中所达到的高度远远大于建筑空间魅力的营造，可以说西方古典建筑艺术更关注建筑实体艺术。直到框架结构的大量应用，空间才从厚重的建筑实体中被释放出来。

东西方文化有很多差异，但文化的发展具有趋同性和复杂的内在联系性，随着交通方式的变革，距离的拉近，文化交流日益频繁，近代东西方文化有逐步融合的趋势。例如，西方建筑的文化语境在当代可持续发展观念影响下越来越契合东方文化传统中尊重自然，讲究天人合一，系统共生的理念。

二、实体消解的概念

那么在本书中实体的消解的含义是什么呢？

在本书中，实体的概念指建筑中看得见、摸得着的实体存在，也就是建筑围合物本身，与虚的空间概念相对。直白地说，实体的消解就是建筑的实体部分趋向减少，虚体部分愈加增多的过程。

同时，在本书中实体的概念还有厚重、封闭、坚固、稳定、静止、物质性的含义，与轻盈、开放、脆弱、失稳、动态、虚拟性相对应。

归纳起来，实体的消解概念在本书中有几层含义，从建筑本身的物质层面来说：其一，在传统建筑中，由于技术和人文的原因，建筑的表皮十分封闭厚重，实体感很强，随着技术的发展和设计思潮更迭，建筑表皮呈现出轻薄透的实体消解倾向，原来静止封闭的表皮也能动态调节开放度，从静止到动态。

其二，在西方传统建筑中，建筑用厚重的材料砌筑，体量形式敦实厚重；在形态设计中，体现西方王权和神权的建筑设计理念竭力求大求高，力求塑造壮丽辉煌、磅礴崇高的气势，在环境中也居于中心位置，彰显自我。而在社会发展进程中，建筑设计逐步有与环境融合的倾向，建筑设计总体变得更为谦逊，体量形象从肯定明确变得模糊多义，甚至消隐在环境之中。

其三，传统西方建筑具有很强的建筑实体围合感，各个空间被桎梏在建筑实体中，静止不流动；而随着历史的发展进程，建筑实体的围合感越来越弱，走向开放，空间从各部分互相流动、空间水平流动、垂直流动发展到三维空间融合，内外空间融合度也大大加强，建筑的实体围合感逐步消解。

其四，在西方传统建筑中，结构材料厚重，冗余量很大，显现出坚固、厚重、稳定、坚实的形态，而随着结构技术的发展，建筑结构可以做得十分精巧细致，甚至刻意做到消隐，让人感觉到建筑的空灵和失重效果。

上述几方面建筑从其物质本身所表现出来的实体消解演化的趋势，暗含着建筑发展的非建筑倾向，就是泛建筑的趋势。在人口稠密高速运转的现代大都市中，建筑的功能意义不仅仅是一种遮蔽物，或者柯布西耶所说的"居住的机器"，建筑担负了更多的功能意义，与更多的东西联系在一起，如与"都市复兴、城市活力、认同隐喻的使命"联系在一起。①

都市背景下的建筑发生着巨大的转变，"建筑从纯粹主义的建筑元素出发，泛化为信息媒介的整合、城市元素的整合甚至是地理元素的整

---

① 李建军.从先锋派到先锋文化——美学批判语境中的当代西方先锋主义建筑[M].南京：东南大学出版社，2010:245-246.

合。建筑渗透到信息媒介、经济活动、城市事件、城市基础设施甚至城市地理因素之中，而极大改变着建筑最初的定义。因此，建筑在当今都市语境里再也无法成为纯粹的实体 —— 建筑成为媒介综合体，传递城市信息，成为各种异质化功能形式的混杂体，纯粹主义与类型学的功能主义美学理论在这里失去效应"①。

可以说，建筑在时代的发展演变中成了泛化的建筑或者广义化的建筑，承载了文化、社会、经济等多方面的内在功能和意义。建筑不再是过去人们表面上看到的物质层面的东西，建筑师在设计时更多地思考、关注建筑物质本身之外的意义，更多地融入了虚的部分。这引发了建筑的物质层面的消解，这也是建筑实体消解的另一层含义。

---

① 李建军.从先锋派到先锋文化 —— 美学批判语境中的当代西方先锋主义建筑[M].南京：东南大学出版社，2010:246.

三、实体消解的内在根源

在解释了本书所指的实体消解的含义之后，我想分析一下这种现象背后蕴含的内在根源。

建筑学是一门综合性学科，它不可能固着不前，必然也会在新时代打上多学科交叉融合的时代烙印。实体的消解现象存在经济的发展、社会制度变革、生产组织方式变化、技术进步等多种内在根源。

（一）经济与社会的发展

1. 工业社会之前

西方工业化之前的农业社会，经济不发达，人口增长缓慢，高出生率与高死亡率并存，大量的平民阶层处于相对封闭的环境下，生产资料匮乏，生活困苦，建筑风格变化也极其缓慢。神权和王权在社会中起着主导作用，为神权和王权而建的建筑物体现出强烈的纪念性，建筑外形庄重沉稳，空间静止封闭。

2. 工业社会

从18世纪下半叶到19世纪上半叶，英国、美国、德国、法国的工业产业革命陆续开始，19世纪成为欧洲人口高速增长时期。人口大量集中到城市，城市不堪重负。

特别是20世纪20年代，第一次世界大战结束后，欧洲各国在经历了战争的重创后，陷入了严重的房荒和迅速重建的巨大压力中，为平民快速、经济地建造大量的实用性住房，是当时社会面临的一项重要的现实性需求，勒·柯布西耶在他著名的《走向新建筑》中指出："现在社会的各阶层已经没有一个适合他们需要的住所，工人没有，知识分子也没有。今天社会不安定的根源是建筑问题所引起的，因此要么进行建筑，要么进行革命。"①

这种紧迫的社会需求极大地推动了现代建筑运动，现代建筑运动倡导功能理性主义、结构理性主义和经济理性主义，彻底摆脱了古典主义传统建筑的束缚。建筑朝着模块化设计、建筑构件工业化制造、建筑

---

① [法]柯布西埃.走向新建筑[M].吴景祥，译.北京：中国建筑工业出版社，1981:25.

施工装配化的工业化模式转变。

这一时期建筑风格崇尚简洁，色彩偏工业风，冷淡中性，立面装饰是线面体的立体主义抽象风格，装配式建筑淡化了人的个体需求，强化了机器化大生产的标准性，建筑体块组合不再是封建社会时期建筑常见的对称化的纪念性风格，更多围绕建筑功能设计，因而呈现出一种灵活自由的动态之美。

第二次世界大战结束后，现代主义建筑风格满足了战后重建的需要，同时，随着全球工业化浪潮和美国资本主义经济和文化在全球的强势扩张，这种建筑风格迅速成为流行于全世界的"国际式"风格。这种"国际式"潮流化的现代主义建筑在大规模建设中被教条化、公式化，大面积的玻璃幕墙，简约抽象的体块化组合，让人看不出地域性特点，对大师作品的简单模仿、粗劣的构造与施工、对个性化需求的漠然是其广受诟病的原因。

3. 后工业信息社会

在工业经济高歌猛进之时，大部分人都被捆绑在以工业生产为主导的机器化大生产中，人就像社会生产机器中的一个个零件，被异化了，人与社会、人与自然、人与人、人与自我的关系充满了矛盾，这些矛盾迫使人们进行深入的反思。

这些思考反映在后现代主义哲学中，就是主张多样性、差异性、零散性、特殊性和多元性。

R.H·麦金尼指出："现代主义者是乐观主义者，他期望找到统一性、秩序、一致性，成体系的总体性，客观真理、意义及永恒性。后现代主义者则是悲观主义者，他们期望发现多样性、无序性、非一致性、不完满性、多元论和变化。"①

西方发达资本主义国家在20世纪中期到20世纪末处于以高技术产业为主的后工业化时代，20世纪末一直到现在被称作信息化时代，后工业化信息社会中，文化是一种大众性文化，它产生的基础在于信息社会的科学技术和信息传播方式。信息社会的文化不像工业社会以生产为导向的生产文化或商品文化，它是一种消费文化，工业社会致力于开动

① 王治河.后现代哲学思潮研究[M].北京：北京大学出版社，2006:10.

生产机器，用消耗大量能源来满足迅速膨胀的人口生存性的基本需求，为适应机械化大生产的高效性和产品的规范性，统一性显得十分重要。而信息化社会不同，它凭借庞大的网络信息系统和具有强大数据处理能力的计算机，信息传播和反馈可以同步进行，可以由需求人提出要求，借助智能机器人，生产出个性化的产品。信息化社会从满足人的生存基本需求，提升为致力于满足人们个性化、享受性的消费需求。

这一时期多种建筑思潮风起云涌、百花齐放，建筑日益呈现出智能化、互动化、功能混杂化的信息社会特点。

（二）对自然和地域文化的重视

"20世纪的建筑是作为独立的机能体存在的，就像一部机器，它几乎与自然脱离，独立发挥着功能，而不考虑与周围环境的协调；但到了21世纪，人、建筑都需要与自然环境建立一种连续性，不仅是节能的，还是生态的、能与社会相协调的关系。"①

建筑坐落在场地环境之中，面临着与场地环境之间的关系问题，

---

① 大师系列丛书编辑部编著.伊东丰雄的作品与思想[M].北京：中国电力出版社，2005:15.

西方传统文化普遍认为，人类是优先于环境存在的主宰，人们大量占有
自然资源，将它作为为人类服务的生产生活资料，在建筑设计上体现为
建筑是统辖环境的存在。

在传统建筑时期，人们从当地环境中获取建筑材料来建造房屋，
建造活动强度较小，建筑与环境的矛盾不大，建筑采用地域性的天然材
料，在长期的建设活动中形成了适应地域文化、传统民族习惯、当地气
候特征和材料建构技术的地域性建筑。

工业化革命开始后，现代主义建筑适应大规模工业生产的发展，
工业革命带来的经济高速发展、技术进步、人们生活水平的快速提高让
人们沉醉在技术造就美好生活的幻想里，城市化迅速扩张造成对自然界
不可再生资源的大量消耗，不可持续的发展模式导致自然界不堪重负。

1969年美国阿波罗登月计划的成功，更使人们踌躇满志，作为资
本权力的象征，风靡全球的"国际式"现代主义建筑对发展地当地旧有
的地域文化持一种傲慢态度，同时，盲目的技术乐观主义让"国际式"
风格的现代建筑将自己凌驾于自然之上，用空调和人工照明等技术手段

代替自然通风和天然采光等传统积累下来的适应自然的调节手段，对自然持一种漠视甚至征服的态度。

"国际式"建筑风格的风行和现代建筑大规模建设造成了城市千城一面的情况，地域文化建筑面临消失的风险。1961年，美国城市理论家雅各布斯在《美国大城市的生与死》中批判了现代主义城市规划和建筑理论指导下的战后大规模建设，批评它完全无视城市原有的地域特点和历史文脉，抹杀了街道空间和街道生活的多样性。[①]

在经济繁荣之时，西方社会也面临着自然资源枯竭、生态环境被破坏的不平衡处境，经济发展到一定程度，人们逐步认识到传统的以经济为中心发展观的片面性，它忽略了对自然、对历史、对社会的尊重。随后，人类逐步转变发展观，秉承可持续发展观，关注社会、经济、文化、生态的全面协调发展。

人们建立起环境伦理美学，主张对整个地球环境负责，而不是以人类为中心。它关注可持续性发展目标，主张用可再生资源来建筑房

① 邓庆坦，邓庆尧.当代建筑思潮与流派[M].武汉：华中科技大学出版社，2010:3.

屋，鼓励使用可再生人工合成材料，关注能源消耗。人们对环境伦理的关注，使建筑传统中坚固的实体感、宏大的纪念性等特征进一步远离，建筑的永久坚固之感转为临时性，愈加轻盈通透的建筑使得"一切坚固的东西都烟消云散了"[①]。

（三）艺术思潮

建筑设计是实用性的设计学科，因而建筑艺术不是纯粹的艺术，它不是艺术时尚的弄潮儿，但由于它具有艺术的特质，艺术的革新和探索也对建筑艺术产生了很大的影响。

回顾艺术发展史，不同时代的艺术必然会打上该时代的烙印。在农业社会，绘画艺术是为权力阶层服务的，主要的描绘对象是庄重的人物肖像和严肃的宗教题材。西方传统绘画以尽量完美地描绘客观世界为己任，绘画尽力趋近现实对象和现实参照物。通过对绘画技巧的不断摸索、绘画工具的不懈改进和绘画材料的研究发展，传统绘画在写实性上

---

① 李建军.从先锋派到先锋文化——美学批判语境中的当代西方先锋主义建筑[M].南京：东南大学出版社，2010:168.

达到了逼真的程度。

工业革命兴起后，西方发达资本主义国家相继进入工业化阶段，由于摄影技术越来越先进，以逼真"再现"为目的的传统绘画进入了瓶颈期，"表现"性绘画应运而生，西方艺术界冲破传统绘画的写实再现传统，出现了很多流派。例如19世纪60年代在法国出现的印象派绘画，它主张创新，反对以往古典学院派的艺术观念和法则，着力表现不同光线条件下物象反映出的特殊光影的瞬间效果。

其后，艺术企图摆脱外在形式的束缚，法国的后印象主义、新印象主义和象征主义画家们提出"艺术语言自身的独立价值"，走向艺术独立之路，1908年崛起的立体主义将几何基本形体作为外在客观世界的基本构成要素，把一切客观对象看作基本几何形体的组合，至上主义在立体主义流派基础上进一步放弃了对三度空间的再现，将二维简单的基本几何形作为至高无上的形式。

第二次世界大战后，经济和艺术中心从欧洲转移到美国，以纽约为中心发展起抽象表现主义。抽象表现主义的内容和题材高度抽象，组建远离人们日常生活、远离自然物象的三维空间形体结构。抽象表现主义的灵魂人物德·库宁指出："自然的方式是无序的，艺术家如果想使它有序则非常荒谬。"①

到了后现代主义时期，更是百花齐放，各种思想争鸣，行动绘画、波普艺术、视幻艺术等等艺术形式纷纷涌现，异彩纷呈。这些艺术实践探索活动促进了各种建筑思潮的勃发，让建筑设计展现出更多的可能性。

从以上的叙述中我们可以看到，传统绘画艺术真实描绘现实物象，常常用于记叙历史事件，传播宗教故事，歌颂伟大人物，描画贵族形象，追求具象逼真；而现代绘画追求独立非依附性的、为艺术而艺术的创新之路，创作语言越来越抽象，同时也越来越注意内心情感的抒发；后现代艺术世俗化、商业化，创作方式更自由化，成果讲求偶然性和冲突之感，关注与人的互动。

---

① Mark Stevens, Annalyh Swan de Kooning: An American Master. 德·库宁：美国大师[M]. Alfred A. knopf, 2006.

绘画作品从散发着永恒宁静、庄重之美，转变成为对多种手法、多种风格、多种流派的探索。

相对应地，在建筑中，我们也可以看到艺术变革的影响，在传统建筑设计中常用雕刻壁画等装饰艺术来表达思想情感，而建筑本体由于受到技术条件的限制，形制变化不大。近代以来抽象艺术风格流行，建筑上具象的装饰物逐渐变成抽象的图案和形式，并且体现出各种艺术风格对建筑表情达意方式的影响。随着建筑设计将空间设计作为设计重心，设计师更倾向于通过空间的艺术化塑造来表达人们的情感体验，越来越关注建筑与人之间的互动关系。

（四）科学发展与世界观的进步

著名科学史学家萨顿曾指出："科学最宝贵的不是这些物质上的利益，而是科学的精神，是一种崭新的思想意识，是人类精神文明中最宝贵的一部分。"[①] 在自然科学发展过程中，科学理论的每一次重大革命都

①【美】乔治·萨顿. 科学史和新人文主义[M]. 陈恒六，等译. 上海：上海交通大学出版社，2007.

对人类的精神世界产生了极大的震动，并不断刷新人们的世界观。

牛顿物理学与达尔文物种起源学及天文学的进步使得在传统封建社会中，人们笃信的地球中心论和上帝造人学说失去了根基，同时，欧洲启蒙运动在人们心中建立起崇尚科技、讲求实证的科学求真精神，创建了一种机械论世界观，为资本主义经济的发展扫清了思想上的阻碍。

18世纪中叶，历史学家伏尔泰认为，历史是非恒定的，始终处于变化之中，他与同一时期的启蒙运动思想家卢梭一起，客观上推动了建筑界对于历史进化观的普遍认可，也让人们认识到各个历史时期、各个地域的建筑与文化都有其价值，不能用绝对不变的价值观来看待建筑发展，不能将古典主义建筑作为永恒的不可超越的经典。

在启蒙运动之前，欧洲国家普遍认为古典主义建筑风格是经典的、永恒的、颠扑不破的。古典主义的权威形象不容置疑和挑战，给建筑设计的进步和发展戴上了沉重的枷锁。正是科学的发展、人们世界观的进步打碎了这个桎梏。

通过启蒙运动的洗礼，过去牢牢控制人们头脑的经典建筑的权威思想，受到了诘问和挑战，建筑师开始用理性的科学观来认识建筑、看待建筑，为现代主义建筑的发端扫清了思想上的障碍。强调理性与秩序，追求纯粹几何美和数学关系的思想成为现代主义建筑的思想主流。

现代主义机械论也不是颠扑不破的，进入20世纪，人们的世界观又发生了一次颠覆和修正。

现代主义的机械论认为，一切系统都是可预测的，自然就像一部精密的机器，遵循固定的程序，分秒不差地运转。人们一直自信地认为，当人掌握了自然界全部的物理规律之后，就可以计算、预测出这个系统下一步的运行轨迹，这就是人类可把控世界的一元论固定思维。

而混沌科学的建立，打破了人们的盲目自信，传统机械论世界观轰然倒塌。

20世纪五六十年代，麻省理工学院气象学家洛伦兹发现了混沌现象，混沌这门"新科学"逐步建立起来，这也是继相对论和量子力学之后，对人类知识体系的又一次冲击。自然界广泛存在着混沌现象，如天气、疾病的传播等，"混沌"不是指随机、混乱，混沌系统也不是指内部关系错综复杂、规律不清晰、无法被人认识的复杂系统，而是指有规律的但高度敏感的系统，这个系统对扰动有极端的敏感性，可能就由于一个微小因素的改变，导致结果完全不同。对于扰动的敏感性是混沌系统的一个重大特征，这一现象被洛伦兹称为"蝴蝶效应"。

混沌科学提示人们，即便是人类掌握了全部物理规律，也不代表人们对于系统未来的演化和各阶段状态拥有百分之百的预测和掌控权。

混沌的概念陆续被应用在物理学、化学、天体力学、生物学以及社会科学之中，自然也影响到了建筑设计。城市和建筑是人类生活和社会活动的载体，城市和建筑是实体和物质的，而容纳其间的人类长期的生活和社会活动是混沌的，具有不可预测性和不可确定性，因此建筑设计本身必然要冲破传统机械论的明确、绝对、固定化的模式，在设计时要考虑不确定性、不可预测性的影响，从而呈现出混沌科学影响下的新特征。

（五）建筑技术进步

在西方以砖石为主要建筑材料的传统建筑时期，建筑结构跨度有限，结构效能低，结构与围护构件未分离，根据经验估算的建筑结构存在大量的冗余，因此墙体厚重，柱子粗壮，结构沉闷，给建筑带来牢牢坐落在地上的坚固稳重之感。

经过文艺复兴的洗礼，建筑界萌生了结构理性思想，寻求建筑形式与内在结构的内在关系，反对过分装饰，积极探索新结构和新材料，用严谨理性的准则去设计和建造建筑。

18世纪后期开始的工业革命推动了新功能现代建筑（构筑物）的出现，涌现出如工厂、商场、桥梁、火车站等建筑类型，建筑和城市面貌发生了极大的改变。在这一时期，材料力学和结构力学获得了很大的成就，设计师掌握了一般性结构的基本规律和计算方法。自18世纪下半叶，建筑师与结构工程师在专业上开始分离，严格意义上的土木工程科学建立起来，结构工程师的工作依托严谨的数学计算和力学分析，通过系统的实验对建筑材料各方面的性能进行分析总结，这也推动建筑师用力学概念和材料性能去探索建筑形式的更多可能性。

19世纪，钢铁和玻璃材料的生产工艺有了很大的改进，降低了成本，因此在建筑材料中被大量应用，同时钢筋混凝土的发明促进了钢筋混凝土结构的出现。20世纪20年代预应力钢筋混凝土的出现使得大跨度结构更为经济，越来越多的新型建筑材料如高强混凝土、高强钢材、膜材料、碳纤维等被开发并应用于建筑中。

随着这些新材料被大量应用在建筑上，一大批新的结构形式和结构技术纷纷涌现，如空间桁架、网架、索壳、索膜结构等，建筑结构愈加异彩纷呈，建筑形态发生了革命性的变化。

（六）企业组织架构的变化

开放建筑的倡导者普瑞克斯说："从20世纪初到90年代的建筑历史可以解释为一条从封闭空间通往开放空间的道路……复杂性是我们的目标。"[1]

20世纪物理学提出了混沌理论，混沌理论给建筑设计提供了应对空间复杂变化的思路。约翰·布里格斯和F·戴维·皮特在《混沌七鉴》一书中提出，西方工业社会发展之路期望征服和控制大自然，以求消除

---

[1]　李星星. 蓝天组的解构主义建筑形式研究[M]. 长沙：中南大学出版社，2016.

不确定性，但是这是徒然的幻想，与其抵制生活的不确定性，不如包容它，以创造性参与者的身份融入生活本身。①

功能是事物的功用，是建筑之所以建设的目的。不同时期的社会发展对于建筑功能的需求是发展变化的，要求适宜的建筑空间应对。

在不同的历史时期，建筑的使用功能也处在不断的发展变化中，从建筑历史来看，工业化催生了众多新形式的建筑，如火车站、商场、大型厂房等建筑形式。

同一种建筑形式在不同社会时期也会因为经济组织管理方式的不同而有所差异，就工业社会和后工业信息社会来说，工业社会强调金字塔型层级式的管理系统，在建筑空间组织上呈现为以管理为核心、秩序井然、脉络化的单向功能空间构架。

到了后工业化信息社会，企业常运用平面化、网络化的管理系统，各功能之间产生交叉链接，管理在形式上被弱化了，在建筑空间组织中

---

① 【美】约翰·布里格斯，【英】F.戴维·皮特.混沌七鉴[M].陈忠，等译.上海：上海科技教育出版社，2001.

体现为空间功能混杂、界限模糊、含义含混的状态。

现代主义建筑讲求理性和精确的数学精神，各种功能类型分工细致严格，差异大而缺乏相互转化性。现代社会经济的快速发展造就了空间功能的快速更迭，让建筑不得不适应在寿命期内多样的功能需求变化，这就需要在设计之初给予建筑空间更多的弹性，以求应对瞬息万变的经济变化和社会发展。

由此，建筑功能模糊化、功能糅杂化成为功能弹性化的应对策略，建筑设计思想中绝对被模糊所替代，确定被混沌所取代成了一种趋势。

本章从建筑实体的概念出发，解释了建筑实体与建筑空间的关系，建筑实体消解概念的含义，以及这种现象背后的社会、经济、文化的内在根源。

下面各章我将从建筑表皮、建筑形态、建筑空间、建筑结构四个方面对建筑实体的消解现象分别进行叙述。

第二章 >>>>

表皮的轻薄化
与互动化

建筑实体的消解是个表象的可见的趋势，在这一章，我来谈一谈在建筑表皮上的表现。

一、建筑表皮的历史演变

建筑的表皮是建筑的外围护构件，是建筑内部空间和外部空间分隔的界面。"表皮"这个词起源于生物学概念，常对有机体进行描述，是有机体具有一定功能的外部构造。

当人们把"皮肤"概念引入建筑学领域后，建筑表皮这个概念实际上暗含了将建筑视为一种生命体之意。生命体的表皮能自我调节，具备多种功能，作为建筑的表皮也应具有很多功能，如抵御不良气候，调节建筑内部空间温度、通风量、干湿度等功能，甚至包括展现和美化自己、传递信息等社会功能。

为了实现这些功能，建筑的表皮可以有多个层次，例如：支撑自身重量或者承担建筑荷载的结构层，朝向空间内部的内表皮层，调节温度的保温层、防水层、防潮层，调整进光量的门窗层，表情达意的装饰层，等等。

虽然建筑表皮的概念经历了很多变化，但建筑表皮本身是一直存在的，只要有建筑营建活动，需要进行内外空间的分隔和界定，就自然形成了建筑的表皮。在不同历史时期，建筑表皮呈现出与当时历史时期相应的不同特点。

（一）古典建筑表皮

意大利文艺复兴时期的建筑师阿尔伯蒂提出建筑先有结构后有表皮，表皮作为结构与外部空间的界面是结构的围护和装饰的外衣，在结构的支配下扮演从属和对外呈现的角色。

古典时期的建筑表皮未与结构分开，建筑的保温隔热问题要依靠增加材料厚度来解决，建筑表皮在结构和技术的制约下受到形式和表现上的极大束缚，建筑表皮封闭静止。

古典时期的建筑表皮呈现出很强的立面概念。这一时期的建筑表皮的装饰通常就是古典立面装饰，用装饰性很强的主题性雕塑和壁画、细致的凹凸和线脚来丰富建筑立面。

（二）现代主义时期的建筑表皮

现代主义建筑时期，钢筋混凝土框架结构体系成了常用的一种结构形式，建筑表皮从建筑承重结构中解脱出来，在工业化和技术的发展中，建筑表皮获得了更多的创作设计空间，发展成为独立的建筑概念，建筑表皮设计也越来越受到设计师的关注和重视。

在现代主义建筑时期，建筑表皮设计变得越来越简洁。这一时期，建筑师阿道夫·路斯喊出"装饰就是罪恶"的设计宣言，建筑表皮以"自由立面"的姿态告别了古典建筑经典的不可逾越的装饰性外立面，变得越来越简洁抽象，抛却了过分的装饰。

建筑表皮开窗开洞越来越自由，柯布西耶在1926年出版的《建筑五要点》中提出底层架空、水平条形窗等新建筑处理手法，建筑表皮从窄而小、上下严格对应的窗户束缚中解脱出来。密斯在1929年设计的巴塞罗那德国馆中最大限度地发挥了新建筑的特点，建筑表皮与承重结构相分离，各自独立，建筑表皮大面积采用了玻璃幕墙，透明性得到

图2.1 密斯·凡·德罗 芝加哥联邦中心

极大提高，建筑外观呈现出轻松自由的风格。

1959年的芝加哥联邦中心（图2.1）是密斯将自己所定义与理解的现代主义建筑语言集合运用在高层建筑上的典范，它简洁的体量和肯定的结构与古典建筑的美截然不同，体现了现代主义工业化时期的建筑特征，其中，大面积的玻璃幕墙建筑表皮是密斯高层建筑的典型特征。

这一时期，建筑采用玻璃幕墙让建筑表皮轻量化、透明化。建筑构件系统进行统一工业化生产，现场组装，规整化、精细化得到进一步加强。

但同时，这一时期建筑表皮虽然挣

脱了结构和装饰的束缚，其在"自由立面"的称谓下实际上只是建筑形体的外在形式。建筑表皮仍然只是形体的从属和结果，表皮层次单一，自我功能发挥有限。

（三）信息化时代的建筑表皮

20世纪60年代末，以大工业机器生产至上、效率至上的社会思想迎来了一次反思，现代主义建筑千篇一律的国际化风格被质疑，多元化、个性化、地域性的思想在设计领域抬头。1966年，文丘里在《建筑的复杂性和矛盾性》中提出，"建筑学在其复杂的使用功能下进入一个复杂境地"[①]。基于复杂的功能需求预计相应的建筑内外的冲突，建筑的"内"与"外"应该分别予以对待。因此，作为不必严格反映建筑内部功能的独立界面，建筑表皮的设计加入了更多基本功能之外的人文内容。建筑表皮设计更加自由和多元化，成为各种思潮和设计师个性艺术表达的舞台。艺术的因借和探索也进一步将建筑表皮推向了独立化、抽

---

① 【美】罗伯特·文丘里.建筑的复杂性与矛盾性[M].周卜颐，译.南京：江苏凤凰科学技术出版社，2006.

图2.2　弗兰克·盖里　毕尔巴鄂古根海姆美术馆

象化、艺术化的范畴，为建筑表皮语言复杂化埋下了伏笔（图2.2）。

　　表皮与结构分离，独立设计，表皮可以表现高技术，传递文脉和信息，多元化的表达加入表皮设计，使其更具有艺术性；但另一方面，也造成了材料的浪费和华而不实，建筑表皮日益成为虚假的布景式设计[1]，让建筑内在和外在进一步失去了联系，实体感、真实感被削弱。

后工业信息时代，社会处于多元化和快速变化中，这样的信息时代特征也使建筑表皮设计更加多元化、复杂化。建筑界面加入了数字媒体技术，具有可变的信息传达、交流互动特征，使界面成为动态信息传递的手段之一，建筑的形态变得更加虚拟可变。

同时，许多当代建筑师将设计的关注点集中在建筑材料的实验和建构方式的挖掘上，在改善建筑各项物理性能的同时，也为建筑表皮设计提供了更多的表达方式。建筑技术和构造能力的提升，参数化设计等计算机辅助设计方式的应用，使得建筑表皮走入了非欧几里得造型领域，建筑表皮展现出更广阔的设计潜力。

二、建筑表皮的消解

通过建筑表皮的历史性变化，我们可以看出建筑表皮呈现出轻、

---

[1] 张燕来.现代建筑与抽象[M].北京：中国建筑工业出版社，2016:47.

薄、透的发展趋势。从附着在支撑结构上显得很厚重，到与支撑结构分离，建筑表皮设计越来越轻量化。玻璃幕墙的采用使得建筑表皮的透明性大大提升，这种建筑形态的轻量化趋势被德国建筑理论家尤利乌斯·波泽纳（Julius Posener）称为建筑形态的"非物质化"倾向。①

构造技术的发展使得建筑表皮在轻量化的同时，在调节热辐射、提升保温性能和改善通风性能等方面也有很大提高。随着表皮智能化水平的提升，表皮对于自然的调节方式从静态提升为智能的动态响应。

在表情达意上，艺术化手法的运用以及呼应环境、关注地域文化的人文精神的体现，使建筑表皮体现出更多抽象的精神特征。在现代信息化时代，表皮上附着的信息层更是体现出瞬时性、互动性、模糊化、动态化等特点。

可见，建筑表皮由实到虚，由厚重到轻薄，由稳定到多变，由确定到模糊的变化，体现出消解的趋势。

---

① 邓庆坦，邓庆尧.当代建筑思潮与流派[M].武汉：华中科技大学出版社，2010.

（一）表皮从厚重封闭到轻薄透明

传统建筑表皮受到结构的制约，与承重构件没有分离，采用的表皮材料较为厚重封闭，只有在有限的窗户处有光和视线可以穿透。现代建筑表皮与结构分离后，随着技术的发展，大量采用现代轻质材料作为建筑表皮，其中透明的玻璃作为一种轻质通透的材料被大量应用在建筑表皮中。

1.透明性

在建筑设计中，从建筑表皮的封闭厚重到玻璃幕墙的通透明亮，表皮变得越来越具有透明性。这里建筑表皮的透明性指的是建筑表皮采用能够使光线和视线穿透的材质，内部空间因此变得明亮，透明的材料使得人的视线能够毫无阻碍地穿透表皮，建筑内部景观及人的活动状态对外也一览无余。

玻璃是最具透明性的材料，在建筑表皮设计中占据重要的地位。19世纪中期的英国，因技术进步，能生产出面积较大的玻璃，同时生产成本不断降低，使玻璃成了可以大量使用的建筑材料。1847年，詹姆斯

（James Hartley）的专利技术使玻璃能适用于天窗，它与当时成熟的铸铁柱和熟铁梁技术相互配合，为建筑师提供了全新的覆盖大空间的建筑构造手法。1851年在伦敦举办的第一届世博会上展现了玻璃建造的"水晶宫"，建筑面积约为7.5万平方米，高三层，是由英国园艺师J. 帕克斯顿参照当时的植物园温室和铁路铸铁候车棚设计的。"水晶宫"整体建筑外墙和屋面均为玻璃，晶莹剔透，璀璨夺目，成为英国工业革命时期的代表性建筑（图2.3）。

图2.3 帕克斯顿 水晶宫

水晶宫纯净透明，没有任何多余的装饰，充沛的自然光线透过玻璃照耀室内，人的视线掠过玻璃投射到天空的云彩和建筑外的景物上，使得空间解除了砖石的禁锢，变得无拘无束。水晶宫摒弃了古典主义建筑笨重封闭的建筑表皮，展现了全然崭新的建筑美学风格，其特点就是轻薄、光亮和通透。

现代主义建筑大师密斯·凡·德罗对玻璃材料透明性的追求到了一种极致的状态，特别是在范斯沃斯住宅设计中，密斯充分展现了玻璃材料的魅力。范斯沃斯住宅置身于美丽的自然环境中，密斯采用玻璃墙体将自然景致的无限变化呈现出来，消除了内与外的差异。范斯沃斯别墅周遭的自然景色，透过玻璃幕墙投射进建筑中，让人细致体会到不同时辰、不同季节的自然变化，感到自然令人陶醉的美丽（图2.4）。

图2.4 密斯 范斯沃斯住宅

可见，当透明的玻璃建筑界面被应用在优美的自然环境包围下的建筑上时，建筑能最大限度地融入自然，消弭自然与建筑空间之间的界限。但另一方面，对外的一览无余，极致透明也让入住该住宅的房屋主人范斯沃斯女士深感尴尬，失去了私密感，最后将设计师告上了法庭。可见，透明性也是一把双刃剑，得注意尺度和分寸。

透明玻璃也能更好地展现建筑的结构和构造。例如福斯特设计的位于伦敦的瑞士再保险公司总部采用了全透明的玻璃幕墙，透明的玻璃烘托出技术精美这一建筑特性。透过晶莹的透明玻璃，可以看到成斜格状的金属构架螺旋上升，层间板格和遮阳金属条规则排列，整个结构构造精致严谨，体现出强烈的技术美感（图2.5）。

综上所述，透明玻璃幕墙的使用，使得室内外分界趋于消弭，形成了前所未有的开放空间；但是另一方面，完全的通透也使内部空间一览无余，缺乏私密性。当现代主义建筑普遍采用玻璃幕墙时，也造成了一种千篇一律、让人感到乏味的空间印象。因此，当采用透明玻璃幕墙作为建筑表皮时，更要注重构造的精致和结构细节的美感。

图2.5 福斯特 瑞士再保险公司总部

2. 半透明性

现代主义建筑大量采用的透明玻璃幕墙在拥有极大的通透性和开放性的同时，也体现出视觉感的贫乏和隐私感的不足，因此，居于不透明与透明之间的半透明表皮设计成为设计师喜爱的设计手法，它丰富了建筑表皮的表现力，呈现出丰富多彩的设计魅力。

半透明的建筑表皮采用半透明材质。半透明性是介于不透明与透明之间的界面透光状态，既允许光线进入，又较玻璃具有更明显的质感。

半透明的建筑表皮比透明的表皮更具隐私性。现代人相比古代拥有更开放的心态，堡垒般封闭的建筑形态不再受欢迎，但保有隐私安全的心理需求一直都存在。现代社会人群聚集程度高，建筑更为集中，半透明的建筑表皮能实现有限度的开放、可掌控的交流，允许自然光柔和地进入，阻挡人们有意无意一探到底的目光，介于隔与未隔之间，使建筑内外处于有限度的半透明状态。

半透明的建筑表皮具有独特的美感。半透明表皮材料产生的朦胧美类似在内部空间和外部空间之间隔上了一层薄纱，产生了一种朦胧的意象，影影绰绰地暗示了内部或外部的风景，内外部景物因半透明材料的阻隔，产生一种异于直接看到的、让人欲探究竟的距离美感。半透明之美如同东方传统中的朦胧之美，让人想起《诗经·蒹葭》中"蒹葭苍苍，白露为霜，所谓伊人，在水一方"①描写的雾里看、梦中寻的感受。

半透明的表皮可以采用半透明的材料来实现，如玻璃砖、雾状玻璃、膜材料、金属网等材料。例如北京奥林匹克游泳中心水立方就采用了半透明的ETFE膜（乙烯－四氟乙烯共聚物）作为建筑表皮，这种高分子透明膜材表面细腻，晶莹剔透，"水立方"的墙体就是由3000多个这样的膜充气形成的气枕组成，气枕饱满充盈，象征着密集的水珠，室外光通过膜的过滤，在室内投下均匀柔和的光线。当然，选用这种膜材料也不全因为它半透明的美学价值，也与它良好的保温隔热性能等优良的材料特性有关（图2.6）。

半透明的表皮还可以通过镀膜玻璃实现。镀膜玻璃是在玻璃表面涂镀一层或多层金属、合金或金属化合物薄膜，改变了玻璃的光学性

---

① 诗经[M].王秀梅译注.北京：中华书局，2015.

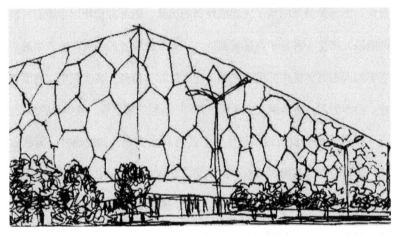

图2.6 水立方

能，建筑表皮安装镀膜玻璃可以强化建筑外部的反光性能。镀膜玻璃材质的折射与反射性能让人从不同角度观看时体验到变化流动的光影之美，在不同时间和光照条件下，镀膜玻璃表皮会呈现出透明和不透明的特性。

例如，菲利普·约翰逊设计的水晶大教堂采用了1万多片柔和的银色镀膜玻璃，玻璃反射了湛蓝的天空和绚丽的夕阳，将"天堂"的光辉映照在大教堂表面；在教堂内部空间，精致细腻、宛若蕾丝般轻盈的白色钢结构桁架，形成了大教堂巨型的大跨度无柱空间，外部天光从镀膜玻璃透射进来，烘托了钢结构的精致和宏大，造就了动人心魄的杰出空间效果。

　　长谷川逸子、妹岛和世都是日本著名的女建筑师，她们都很擅长运用半透明的材料为建筑营造一种朦胧气质，她们选用的材料有穿孔金

图2.7　长谷川逸子　东京S.T.M时装公司大厦

属板、金属网、磨砂玻璃、有色玻璃等材料，十分轻薄现代。

例如长谷川逸子设计的东京 S. T. M 时装公司大厦，这是一栋面向东京主环路的办公大楼，建筑通过三层建筑表皮来创造变换的朦胧色彩，第一层是由四色玻璃和透明玻璃组成的能变换颜色的玻璃幕墙，第二层由多孔金属遮挡幕墙支撑结构，第三层是可以移动的白色玻璃隔板，关闭隔板能将室外喧嚣的景观隔离在外，只留下乳白色柔和的光线萦绕在室内空间中，而室外多色的玻璃幕墙反射出城市繁华的街景和天空变幻的色彩，呈现出彩虹般的光影。夜晚降临时，室内灯光亮起，建筑的表皮失去了迷幻色彩，呈现出明净柔和的半透明中性光影（图2.7）。

妹岛和世和西泽立卫设计的日本东京表参道克里斯汀·迪奥旗舰店也是运用半透明材料的典范，建筑的立面由透明玻璃板覆盖，在透明玻璃内有一层轻微弯曲的半透明丙烯酸装饰层。两者组合在一起形成一种半透明的效果，给建筑蒙上了一层薄薄的"面纱"。建筑立面就像迪奥经典裙装流动的裙裾，柔美、轻盈，散发着一种高贵典雅的品牌气质（图2.8）。

图2.8 妹岛和世和西泽立卫 克里斯汀·迪奥旗舰店

3.传统材料的轻盈化、离散化

传统建筑广泛使用的石墙和砖墙给人以封闭笨重的印象，而现代构造技术的发展使得传统材料运用特别的砌筑构造方式，创造出离散通透的墙体印象。

　　雅克·赫尔佐格与皮埃尔·德梅隆的位于加利福尼亚纳帕山谷的多明莱斯葡萄酒厂建筑表皮设计独居匠心。由于葡萄酒厂需要良好的通风性和稳定的室内温湿度条件，设计师选用当地的玄武岩作为建筑材料，玄武岩的材质很好地和周围环境融合在一起。设计师用金属笼网装填石块，下部密实，上部疏松，石块的缝隙能很好地形成自然通风效果，石材白天能起到遮挡阳光的作用，晚上缓慢释放热量，缩小了室内外温差。白天自然光经由石块渗透进室内，夜晚室内的灯光散发到室外。石块笼网的建筑表皮形成了疏松的表皮肌理，成为一个独特的离散化的石材表皮设计（图2.9）。

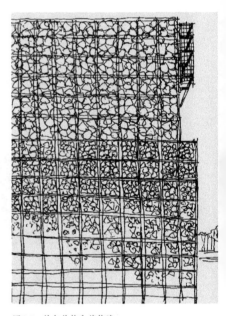

图2.9　赫尔佐格和德梅隆
多明莱斯葡萄酒厂

　　日本建筑师隈研吾非常善于对传统的材料进行现代化构造处理，形成新的建筑形式语言。在一系列建筑设计中，隈研吾运用巧妙的手法创造了通透、离散的石墙表皮，改变了传统材料固有的印象。他设计的日本栃木县那须町石头博物馆，采用当地截面尺寸为300毫米×50毫米的芦野石块砌筑而成，对墙体中不影响结构的芦野石进行抽取、凹陷处理，在抽取后的空隙中填上极薄的能够透光的大理石，使得石墙建筑表

图2.10　隈研吾　那须町石头博物馆

皮显得十分精巧轻盈（图2.10）。

隈研吾在Chokkura广场＆凉亭的设计中更是创造性地以一种编织的形式对石材进行设计，对旧有印象中沉重的材料做了编织化、轻巧化的设计处理。在人们的固有观念中，只有柔软的材料才能做编制处理，而隈研吾用当地多孔、质量较轻的大谷石配合钢构架设计，呈现出一种编织形态，突破了人们对石块的常识性看法，常规的重量感让位于编织机理产生的柔美和轻盈感，用沉重密实的石材创造出光与空间的渗透感（图2.11）。

在2000年的"石屋"设计之后，隈研吾在"莲屋"的设计中尝试了更为轻盈的石材表皮构造设计。隈研吾把厚度为30毫米的石灰质薄片，用不锈钢竖向筋条形结构固定在一起，这被称为"薄片链条结构"，石灰质薄片交错间隔排列，形成类似棋盘形的镂空墙面。由于竖向链条之间的宽度要比石灰质薄片的宽度小，链条的结构本身隐没不见，阳光和风从石材的建筑表皮中透过，我们看到的墙面效果就像由一片片莹薄石材组成的抽象画面，营造了既纤弱灵动又坚韧的效果。在"莲屋"的

图2.11 隈研吾 石头博物馆

图2.12 隈研吾 莲屋

设计中，石材在人们心中固有的笨重之感在精巧严谨的构造中完全消失了，整个空间场所很好地烘托了池中莲花洁净高雅的精神气质（图2.12）。

原本不透明的材料通过改变其物理性能也能收到半透明的效果。例如耶鲁大学贝内克珍本图书馆（Beinecke Rare Book Library，1963）保存了80万册珍本图书，过于强烈的自然光会对善本图书产生影响，因此建筑师戈登·邦沙夫特（Gordon Bunshaft）采用不足3厘米厚度的维兹特大理石作为建筑表皮材料，薄薄的厚度使得大理石在阳光下呈现出半透特性，在室内展现出黑黄纹理的绚丽色彩和淡淡的光晕。

现代新型复合材料也使得一些传统上不透光的材料产生了透光效果。例如传统的钢筋混凝土是如同石材一般的厚重不透光材料，而匈牙利建筑师阿龙·洛桑济（Aron Losonczi）打破了混凝土的固有印象，他在传统的钢筋混凝土中加入可导光的光纤束，实验出了被称为LiTraCon的新型混凝土产品。这种特殊的钢筋混凝土材质能经由光纤的传导，将光传递到厚实的钢筋混凝土墙体的另一侧，呈现出沉重密实却透光这一看似矛盾的新型材料特性。

4. 从坚固到轻质脆弱

建筑的体量和建筑表皮是密切相关的。1923年，柯布西耶在《走向新建筑》一书中提出建筑的三个关键要素：体量（mass）、表皮（surface）和平面（plan），表皮"能减小或扩大我们对体量的感觉"[①]。建筑表皮变得越来越非物质化、轻薄、脆弱，使得建筑体量在人们的印象中失去重量感，产生体量消隐的视觉观感。

进入20世纪，随着经济的快速发展，建筑也在迅速地发生变化，现代建筑材料不断涌现，例如金属、无机织物、塑料、玻璃、橡胶等，这些材料不像传统材料那样易于感受，它们不易留下时间形成的腐蚀、剥落等自然分解所带来的沧桑感，因而具有某种抽象性。同时，轻型建筑结构得到广泛的应用，建筑表皮和建筑结构都能做到轻薄和纤细，现代建筑中建筑表皮也常常被施以浅色，更增添了建筑的轻盈感。

非物质化、轻薄、纤弱这些与坚固反其道而行之的建筑风格在日

---

① 冯路.表皮的历史视野[J].建筑师，2004（4）.

本建筑师的设计中显得尤为明显。由于日本是个地震频发国家，因而建筑既要减少地震灾害所带来的破坏，避免对人产生严重伤害，又要易于重建组装。在日本历史传统建筑中，建筑采用木构架做结构支撑，利用纤弱的木材和薄薄的和纸来做表皮构造，建筑似乎脆弱纤巧但实际上在地震中柔韧坚强，因而许多日本建筑师倾向于研究和探讨"弱"的设计，而不是"强"的设计。

日本建筑师隈研吾提出"负建筑"，希望减弱建筑的实体感，避免建筑这种庞然大物对周围环境的影响。建筑表皮是对建筑体量视觉感影响最大的部分，他将原本致密的建筑材料表皮做离散化的构造处理，形成了"微粒化"的建筑。隈研吾说："我希望创造一种像飘动的微粒一样的状态，与这种状态最接近的东西是彩虹。"[1]

伊东丰雄、长谷川逸子、妹岛和世等许多日本建筑师的作品，都非常善于使用玻璃、穿孔铝板等轻薄通透的材料，表达出一种脱离重力、轻盈明净的轻逸感。

---

[1] 【日】隈研吾.负建筑[M].济南：山东人民出版社，2008.

图2.13　妹岛和世　李子林住宅

例如，妹岛和世的李子林住宅采用"极少主义"设计手法，表皮采用16毫米的极薄钢板，白色的表皮，具有随意之感的开窗风格，整个建筑看上去仿佛是纸做的，建筑的体变成了面的印象，建筑在人固有印象中的坚固变得脆弱、轻逸，失去了重量感（图2.13）。

在现代日本建筑中，原本厚重的材料也尽量被做得轻盈抽象。例如，日本建筑师安藤忠雄非常善于使用混凝土材质，但他手中的混凝土不是我们印象中粗犷坚实的人造石材，他致力于消除混凝土沉重、粗糙和冰冷的感觉，而使其转变为一种轻盈细腻、温暖的材料。表皮的肌理感直接影响着我们对建筑体量轻重的认知。

安藤忠雄说："我所用的混凝土不是僵硬厚重的，而是匀质轻盈的，能体现表面的质感。当它们与我的美学意识一致时，墙变成抽象的、无效的，达到了空间的终极限定。墙体的现实性消失了，只有其围合的空间给人以真实的存在感。"①

（二）表皮对自然的动态响应

气候对于建筑室内有直接的影响，建筑表皮是气候的过滤阀和调节器。建筑的表皮在传统建筑时期是固定不可变的，对于气候的调节依靠开窗通风和采光来实现，而随着技术的进步，建筑表皮从静止逐步发展到能动态地开合化来调节气候。建筑表皮从静止到可动，可以看作是建筑实体消解的一种表现形式。

建筑外部的自然光热环境随时处于变动中，气候随着季节的更替而改变，而且复杂多变，甚至在一天的不同时段，一处建筑表面也面临着时而缺少日照，需要补足采光，时而日照过于强烈，需要遮阳等不同的复杂气候状况。气候对于建筑有不利的影响，如风霜雨雪、过强的太

① Lens，【日】安藤忠雄.安藤忠雄：建造属于自己的世界[M].北京：中信出版社，2018.

阳辐射等；另外，还需要考虑气候资源的利用，如自然光照、恰当的太阳辐射热、适宜的风等等。

面对如此复杂的气候状况，建筑如何能主动地适应气候环境状况呢？

自然界的植物、动物的表皮为了适应自然界的复杂变化，都发展出了自己的响应方式进行能量、物质、信息的交流，以高效地适应环境。在现代，建筑表皮也日益增强着对自然气候的动态响应能力。

现代设计的功能细化使得表皮分解为多种功能或层次，如保温隔热系统、采光系统、遮光系统、隔声系统、通风系统等，使建筑表皮具备多项调节功能。随着现代技术的发展，通过计算机控制技术，建筑表皮具备了随着外部环境改变而智能调节的能力，建筑表皮成为智能化的动态表皮。

1.光的调节器

建筑需要保持内部空间合宜的温度，光照强度的大小导致室内温度和光通量的波动，因此在太阳辐射过大或过小的季节和不同朝向，需要调节太阳辐射热的进入量。传统建筑依靠开窗的方位、大小和遮阳窗帘来控制进光量，现代主义建筑时期广泛采用空调等电器来保持室内温度的稳定，造成了大量的能源浪费。

近年来，智能化动态表皮设计实现了动态调节进光量，可有效地控制热稳定性。

例如让·努维尔设计的阿拉伯文化中心，它的界面为27000个铝制文化符号式样的"相机光圈"，使建筑表皮随外界光照强度的变化能智能地调节进光量。虽然目前在使用过程中这些可调"光圈"处于静态非调节状态，但在当时其设计概念是十分前卫的（图2.14）。

又如，Tiefer Technic设计的医疗器械陈列室，在通透的建筑玻璃幕墙外设置了可以滑动的动态遮阳表皮系统，遮阳表皮由112块金属遮阳板构成，采用智能数控技术，通过电机对表皮遮阳单元进行开合控制。当建筑内部空间需要较暗的光线时，可以控制遮阳表皮完全关闭；当室内需要良好的采光时，可以将外部遮阳单元敞开。计算机控制遮阳单元形成不同的组合形式，建筑立面因此产生具有韵律感的肌理变化，展现

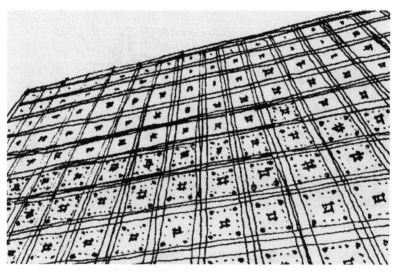

图2.14　让·努维尔　阿拉伯文化中心

出动态的丰富表情（图2.15、图2.16）。

　　再如，位于阿拉伯联合酋长国阿布扎比的巴哈尔塔采用了别具一格的动态遮阳系统，阿布扎比有着强烈的日照和极端的室外气温，设计师将调节环境光照作为主要的设计任务，幕墙的外观灵感来自传统的伊斯兰格子式遮阳系统，由计算机调控开合进行主动遮阳，由此来适应不

图 2.15 Tiefer Technic 医疗器械陈列室

图 2.16 Tiefer Technic 医疗器械陈列室表皮

图 2.17 阿布扎比巴哈尔塔

图 2.18 阿布扎比巴哈尔塔遮阳系统

断变化的天气条件（图2.17、图2.18）。

2."可以呼吸"的表皮

建筑表皮除了可以进行动态的光的调节外，也可以进行空气的交换，因此可以被称作会"呼吸"的表皮。

20世纪六七十年代，现代主义建筑经过在美国的发展形成国际式风格风靡全球，这种国际式风格一个显著的特点就是大量使用玻璃幕墙。玻璃幕墙在冬季不保温，夏季又因为温室效应导致室内温度过高，需要大量采用空调系统来稳定室内温度。在20世纪70年代世界能源危机之后，人们认识到节能和发展清洁可再生能源的重要性，设计师开始多方尝试更为生态的建筑设计，避免能源的浪费。

在此背景下，设计师将生态技术与幕墙系统相结合，发展出"双层/多层幕墙系统"，让幕墙可以像生物皮肤一样，具有"呼吸"的功能，根据外界气候条件进行自主调节，实现与自然的能源交换。

1997年英格豪恩·欧文迪克事务所设计的REW行政总部是一座表皮设计极为精巧的现代办公建筑，它采用了极为精巧的、能呼吸的双层幕墙系统。大厦高达128米，双表皮由外层的单层平板透明玻璃和内层的双层中空绝热平板玻璃构成，外层玻璃幕墙对内部空间起到防护作用，抵挡了高层高速气流的侵扰，内层玻璃安装有可推拉的窗户，使得高层使用者也能获得自然通风。在内外层之间有50厘米的空腔，安装有能旋转角度的遮阳百叶，起到遮阳和热反射的效果。在每一个幕墙空腔单元上有鱼嘴状的构造，在太阳辐射较强时，空腔内温度升高形成风压差，使得空腔底部自然地吸入新鲜的空气，热量从顶部的开口处被随风带走，冬季关闭通风口，空腔里的静止空气达到保温隔热的效果。该建筑使用双层幕墙系统，比使用传统幕墙节约了近一半的能源耗费，同时整个幕墙的隔音效果也得到了很大的提高。

3.能源的获取器

建筑表皮除了通风和采光外，也可以被动或主动地获取自然界的能量。

建筑表皮是建筑与室外联系最紧密的一个界面，传统中我们总是被动地抵御多余的太阳辐射热的不利影响，又需要从外部输入能源，那

图2.19　Flare-facade建筑表皮

么能否将这些多余的太阳辐射热利用起来变成能源呢？现代技术开发出光伏建筑表皮，将太阳能发电产品集成到建筑表皮上，使得建筑表皮从被动地抵御阳光辐射热到主动地利用它生产建筑所需的能源。

例如Flare-facade项目，建筑表皮覆盖着鳞片状的太阳能板，智能控制系统根据太阳的运动轨迹动态地调整"鳞片"的角度，使其能获得更多的光照，产生太阳能。同时，鳞片状的太阳能板由于装置角度的变化在建筑表面形成波浪状的光影，仿佛动物身上的鳞状皮肤（图2.19）。

　　上海世博会的日本展馆由于其有机形态和美好的寓意被称作"紫蚕岛"，也被称作"会呼吸的建筑"。日本馆馆长江原规描述道："整个展馆就像人体一样，人喝水以后身体温度会降低，阳光照射以后会变暖。日本馆也是这样，能储存雨水降低室温、吸收阳光自生能源，还可以交换自然空气保持室内空气通畅。"[①] 它在设计中最大限度地利用了光、水、空气等自然资源，展馆外表附着着双层的ETFE透光薄膜材料，在这个超轻双层膜构造中有内置的非晶硅太阳能电池，能收集太阳辐射热补充场馆的能源，外表皮还设计了自动降温系统，连接双层膜空气气枕的金属扣件上设置了许多小喷头，持续为建筑表面喷洒水雾，降低建筑表面的温度，同时独特的循环呼吸孔道技术能帮助日本馆形成空气交换和

[①]　中国建筑工业出版社编. 二○一○年上海世博会建筑[M]. 北京：中国建筑工业出版社，2010.

图2.20 上海世博会日本展馆

雨水收集循环系统。循环呼吸柱巨大的锥形空心柱将自然光线导引到室内，下雨时，循环呼吸柱将雨水引入底层的储水空间，一部分水蒸发产生室内降温效果，另一部分喷洒屋面起到降温效果。循环呼吸柱的凸出触角部分使地板下的冷空气上升，达到排风换气的目的。整个建筑设计充分利用了光、水、风等自然资源，达到了节约能源的目的（图2.20）。

4.活性材料与动态反应

自然界中植物会随着气候的改变发生变化。例如木材在受潮和受热情况下会产生不同程度的变形，自然界中松果从树上成熟掉落到土壤中时，由于吸湿性，会随着环境温湿度的变化产生开合反应，在环境湿度较高时，松果张开，种子掉落，让种子在适宜的环境中顺利成长。

设计师利用自然界的这些物理现象和生物现象，实验不利用机械控制而具有"活性"的动态调节系统。建筑表皮从静止变成了"活态生命体"的一部分。

2006年伦敦双年展和2006年威尼斯双年展中展出了STEM项目，这是马克尔·波莱托和克劳迪娅·帕斯奎罗生态工作室的探索性项目，他们以海藻为有机材料组合成"胶囊"单元体。海藻在光线辐射强的情况下，会大量生长，产生阻光效果，当光线辐射弱的时候，海藻生长会减缓，系统产生透光效果，胶囊系统成了"活态"的筛光系统。

新材料新技术的出现为设计师提供了更多的设计创新思路，例如运用记忆金属材料，它在发生形变后能自动恢复原状，似乎保存着形状

 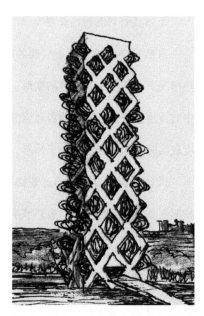

图2.21 Kineturas，卡塔尔市政农业部新办公楼-1

图2.21 Kineturas，卡塔尔市政农业部新办公楼-2

的"记忆"。Kineturas工作室在卡塔尔市政农业部新办公楼的设计中利用了记忆金属材料的这一特点，设计了大厦的外表皮，当室内温度过高时，计算机驱动外表皮装置，使表皮上的记忆金属材料产生形变，产生通风的间隙，调节通风量。记忆金属以柔软富有弹性的方式产生形变，让人联想起自然界的开花、波浪的涟漪等自然现象。温度较低时，外表皮记忆金属材料依据记忆"恢复原状"（图2.21）。

（三）表情达意方式的变化

建筑表皮也是建筑的表情达意的"脸"，在历史演进过程中，建筑表皮表情达意的方式从静态到动态、从具象到抽象发生着变化。

德国建筑理论家森帕尔在1860年的《纺织的艺术》一书中提出墙的"衣饰"（dressing）概念①。森帕尔认为，围护原始建筑的编织墙体应该被视为最初的建筑表皮。据森帕尔考证，先是挂毯被用作墙体的覆面材料，之后又被泥瓦匠制作的灰泥艺术或其他类似物所取代，再往后，彩绘和雕刻成为墙体外部装饰的表现手段。

建筑表皮装饰风格体现了建筑的社会功能，反映了各个时代的文化特征和时代精神。建筑表皮的装饰能彰显和强化建筑自身，也能有意地减弱和淡化建筑在场所中的视觉影响力。

建筑表皮未能脱离结构支撑时，主要表现为建筑立面装饰，当建

---

① 邓庆坦，邓庆尧.当代建筑思潮与流派[M].武汉：华中科技大学出版社，2010:230.

筑表皮脱离开结构支撑后，它的设计除了保温隔热、调节光亮和通风之外，很大程度上受到艺术思潮、设计观念的影响。在艺术思潮方面，西方艺术展现出从具象到抽象、从纪念性风格到诸多艺术形式百花齐放的变化，脱离开结构桎梏的建筑表皮也成了艺术思潮的实验地，呈现出千姿百态的形式。

1.从古典具象到现代抽象

人们常说，"建筑是石头的史诗"，建筑表皮上凝结着历史的信息。在传统的阶级社会中，古典建筑重视立面的装饰，建筑表皮常常用精巧的雕刻和壁画、纹样镶嵌等方式表情达意。

建筑表皮装饰风格体现了建筑的社会功能，反映了各个时代的文化特征和时代精神。在表情达意方面，建筑借助艺术化的表达抒发情感意图。

这一时期建筑表皮通常将各种习俗、仪式、传说等通过形象化的装饰纹样和铭文镌刻、绘画、雕刻等艺术形式表现出来。这些立面装饰阐释着地域性的文化精神，建筑表皮装饰的形式、色彩、内容受地域文化、宗教、民族、历史的影响，受建筑所有者身份等级的制约。

在古典建筑时期，能在建筑表皮上着力进行装饰的建筑，其使用者大都属于社会中地位权力较高的阶层，因此，建筑表皮上的装饰都极力反映其所有者自身的权势地位，凸显建筑在场域中的存在感。可以看到，传统建筑表皮上的这些信息传递媒介都是静止的，另一方面，也是附加在建筑表皮之上的，是非整合性的。

到了近代，框架结构的广泛使用使得建筑表皮摆脱了承重功能，表皮与结构分离开来。勒斯巴热和莫斯塔法在《表皮建筑学》中指出："在建筑学中，框架结构的美学和功能的发展使得墙体被重新定义了。在去除附加装饰及承重功能之后，墙体变成了填充物，而像覆层、集装箱或者包装纸那样被悬挂在框架结构体之后、之间或者之前。因此，墙体的'图像（Image）'观念被重新定义了。"[1] 建筑表皮摆脱了沉重的古典立面和重力感，变得越来越轻薄自由。

现代主义建筑时期，将建筑视为居住的机器，为了多快好省地进

---

[1] 冯路.表皮的历史视野[J].建筑师，2004（4）.

行大规模建设，有意抹去建筑表皮的地域性，阿道夫·卢斯甚至喊出了"装饰就是罪恶"的口号，反对在建筑表皮上附加装饰。正统现代主义建筑反对建筑表面多余的装饰，主张摈弃一切历史或传统的具象表达，建筑表皮变得高度抽象化。

例如，拥有巨大的半透明玻璃幕墙的美国高层建筑表面，消除了厚度感和重力感，极度的匀质感给人带来了非物质感和非存在感，抹掉了具象含义的表达，变得抽象而不可捉摸。

正统的现代主义建筑用抽象的构成艺术来取代具象的装饰表达，现代主义建筑的自由立面用比例、尺度、韵律等抽象的形态构成来取代古典的复杂装饰立面。例如理查德·迈耶久负盛名的白色派建筑，表皮虽然用的是白色调，却有着丰富的层次感和光影效果，就像是抽象的立体构成艺术作品（图2.22）。

可见，正统现代主义表皮主张表皮摈弃一切附加的具象装饰，采用非叙事性的抽象表皮，反映精确简洁的工业时代机器美学和技术美学。

图2.22 迈耶 白色派建筑

同时，20世纪二三十年代，随着战后美国经济的迅速发展，以美国
为代表的国际风格现代主义建筑在全世界广为流行，大量的建设需求，
催生了高度标准化的生产模式和建造方式，客观上忽视了人们对多样化
生活的需求，造成城市建筑千篇一律。特别是，为了满足经济增长进行
的大规模建设，设计施工难免粗制滥造，使得这些"国际风"建筑失去

了现代主义建筑大师极具设计感的比例尺度和精巧的细部，变得观感贫乏，十分无趣。

2.彰显个性的后现代建筑表皮

20世纪60年代后，人们开始厌倦高度抽象化、缺乏地域性的"国际式"现代建筑形式，后现代主义建筑思潮应运而生。

后现代主义建筑反对抹去地域性和个性特征的现代主义抽象风格，主张弥补现代主义忽视人文与情感的缺憾。

后现代主义建筑理论家文丘里在《向拉斯维加斯学习》一书中，大力称赞美国赌城拉斯维加斯五光十色、极具商业感染力的霓虹灯、广告牌，以及用很夸张的外部装饰掩盖内部使用功能和结构的"装饰的遮蔽体"建筑，试图用"布景"式像舞台场景般的表皮装饰来强调人文性和情感体验，倡导通过在表皮上附加通俗的文化符号来赋予建筑更多的亲切感和易读性。

后现代主义建筑主张运用传统文化符号来保持文脉的延续性，传递更多的历史传统和地域场所信息，但后现代建筑并不是古典建筑风格的简单重复，它在试图延续历史文脉的同时，并不原样照抄历史建筑风格，而是运用象征、隐喻和布景式拼贴等手法，对历史片段进行重组，运用戏侃和混用手法，力图彰显个性化特征，丰富了建筑表皮，强化了建筑表皮的装饰性。

后现代主义建筑源于人们对自身地域性、人文性的追求，在全球化浪潮中，各种文化、各种思潮激烈碰撞，强烈发声，呈现为各种设计潮流。后现代主义建筑的表皮情感表达是彰显个性的，在建筑表皮上尝试各种艺术风格，力图以强烈的个性表达从周围的建筑中脱颖而出，呈现出强烈的存在感。这一时期，信息仍旧附加在表皮之上，是实体的、静态的。

3.信息化的建筑表皮

20世纪末西方陆续进入后工业社会，信息化浪潮席卷了各发达资本主义国家，让·努维尔指出，"建筑上对图像和符号的价值发掘已经超越了对形体和空间的追求，我们进入了一个用图片左右人的选择的图像为主的视觉文化至上的时代 —— 读图时代"①。

本雅明指出，这个时代"重图像甚于事物，重复制品胜于原作，重表现甚于事实，重现象甚于存在"②。在流动性大大加快、新事物快速涌现的时代，我们对于事物的判断力更多地依托于形象，在这个以电子和数字传媒为主角的信息时代，建筑表皮愈加与建筑功能、建筑空间、建筑结构相分离，呈现出极大的自由度和表现力，建筑的体量感进一步削弱了。

在信息社会中，社会依托大量的信息资源而发展，信息多变而且不是单向传递的，信息是双向甚至是多向的，建筑表皮的设计也呈现出信息社会的特征。例如建筑表皮媒介化，具有互动性、参与性，打破了现代主义建筑表皮纯粹、独立、静态的建筑印象，呈现出片段化、瞬时化、关联性和动感化的特征。

信息交流和时刻变化的图像披饰在建筑表皮上，成了建筑表情达

---

① 荆其敏，张丽安.建筑学之外[M].南京：东南大学出版社，2015:44.

② 邓庆坦，邓庆尧.当代建筑思潮与流派[M].武汉：华中科技大学出版社，2010:232.

意的表情，原有物质的真实性被非物质的信息表层所覆盖，建筑表皮成为图像化、信息化的巨大信息传递媒介。

在建筑的外立面表皮上运用液晶点阵进行大尺度的展示，广告文字、时尚图案、动态视频、抽象动画等新鲜的艺术表达方式都能借由建筑电子信息表皮表达出来。特别在晚上，在黑夜的衬托下显得尤为绚丽多彩，在夜空的映衬下，建筑物本身失去了尺度和体量感，展现在人们面前的是一片动态虚拟的信息流体。

运用数字媒体技术和智能技术，使建筑界面能用各种变化的图像、场景、肌理来装饰自己，达到融合环境、传播信息、彰显个性等各种目的；同时，在信息技术快速发展的今天，智能互动化展示也可以实现，建筑表皮成了双向互动的信息交流平台。

建筑表皮采用特殊的液晶玻璃，在建筑内部仍可无障碍地引入光线和外部景观。建筑界面分解为许多像素化单元，通过对这些像素化单元的控制和联动，使建筑界面产生变化和影响。动态的信息资讯、激光技术和全息影像技术的应用，使得建筑表皮的媒介作用更加丰富多彩，

图2.23　格拉茨美术馆

表皮物质性的形态、构造、材料颜色等特征则被模糊化了，建筑成了一

个可变的模糊存在。

例如格拉茨美术馆的表皮设计，它采用BIX（大像素）的媒体墙技

术和互动式表皮，将光电板和感应器整合在建筑表皮中。925盏圆形灯

布置在建筑界面之下，像一个个像素汇集成巨大的建筑界面显示屏，通过数控技术，一些像素化的灯光改变各自的强度，形成可以快速变化的图像和文字，将建筑界面变成了媒体墙（图2.23）。

又如钱江新城灯光秀，它是2016年中国杭州G20峰会后，延续至今，闻名遐迩的宏大建筑表皮灯光秀。它位于杭州CBD钱江新城，70万盏LED灯分别安装在钱江新城核心区沿岸的30栋高层建筑外表皮上，这30栋高楼串接成了一幅"巨幕"，每当灯光秀开始，配合音乐，这幅巨大的建筑"媒体墙"展现动态的多媒体影像，流光溢彩，激动人心，成为宏大的建筑景观。

4.艺术化建筑表皮

在表情达意方面，建筑借助艺术化的表达抒发情感意图。在传统建筑时期，建筑外表皮运用具象的雕塑壁画来表达对王权和神权的膜拜；现代建筑时期，设计师运用抽象化的极简艺术表达机器时代的技术精神；后现代主义时期，建筑表皮的艺术表现手法丰富多样，异彩纷呈，反映了个性的张扬和人性的复苏。

（1）建筑表皮的反射与消隐

建筑可以通过反射周围的自然景观，产生与环境融合的效果。例如日本岐阜县的咖啡厅，咖啡厅的沿路岸边种植了一排樱花树，每年的赏樱季节会有许多人来这里欣赏樱花，因此设计师将朝向樱花路旁的咖啡厅两边的侧墙安上了镜面材料，两个侧墙呈90°夹角，使得樱花树的

图2.24　日本岐阜县咖啡厅

影像在建筑的墙面上反复折射，映射出更多的"樱花倒影"。坐在咖啡厅中，不仅能够欣赏到真的樱花树，同时可以从墙面上欣赏到镜中的无限花海，建筑巧妙地消隐在了自然的美景之中（图2.24）。

又如加拿大魁北克国际欢庆公园中的休憩景观建筑的设计，既要满足人们在森林中参观、游憩的需要，又希望这个休憩建筑尽量消隐，避免在森林景观中显得突兀。基于这一理念，建筑外侧设置了垂直的朝向不同角度的镜面钢板，这些镜面钢板反射着森林景观中的植被，使建筑消隐在森林中。

（2）抽象的艺术化表皮

例如丹尼尔·里伯斯金的成名之作柏林犹太人纪念馆建筑，在建筑表皮设计上，金属立面上分布着条状不规则、斜向交错的窗户，暗喻着犹太人身体上和心理上的累累伤痕（图2.25）。

再如，印度孟买Vidyalankar技术学院由一个旧有的仓库改造而成，原先的空间和建筑造型比较规则呆板，为了创造学校有活力的环境氛围，塑造有助于激发学生灵感的空间，建筑外立面用抽象的构成艺术手

图 2.25　里伯斯金，柏林犹太人纪念馆

图 2.26　印度孟买 Vidyalankar 技术学院

法创作了类似被风吹拂摇摆的草秆意向图案，用动态的设计语言打破了原有的规则化、封闭静止的建筑实体感；内部空间设计则采用活泼的线面体块对自然景象进行抽象模拟，创造了轻松活泼的空间氛围（图2.26）。

（3）建筑表皮的图像化

图像是这个时代信息传播的主要媒介，我们通过图像来接收信息，感受情感特征。受当代视觉文化和传媒艺术的影响，建筑表皮也大量采用图像拼贴的手法，传递信息和时尚化的感受。建筑表皮的图像化反映了信息时代图像化的特征。

瑞士建筑师赫尔佐格与德·默隆就采用了这种方式，在建筑表皮上通过视觉片段的机械复制，形成图案化的信息表皮。例如德国埃伯斯沃德技术学院图书馆的建筑表皮设计，设计师在方盒子的矩形建筑上划分出17条横向区域，每个区域都用一个图案进行反复的母题影印，这些图案都是艺术家从旧报纸和杂志中筛选出来的，反映了科技、艺术、自然、历史等多方面的信息。通过影印，清水混凝土墙壁上呈现出的是

图2.27 未来系统 塞尔福里奇百货公司大楼

不同灰度的图案。玻璃窗上的图案是丝网印刷而成的，产生了半透明的效果。大量大尺度的重复图案形成了具有时代感的艺术效果。

（4）未来感的时尚表皮

追求未来感、时尚的年轻人喜爱标榜自己的不同，因此现在许多建筑着力体现未来感、科技感。例如，未来系统设计事务所在2003年为英国赛尔福里奇百货公司大楼所做的设计。赛尔福里奇百货公司一贯以创新、另类和自信的风格引人注目。因而，针对消费主力群体年轻人的特点，公司大楼的建筑体块采用了柔软拉伸的非线性形态，建筑表皮覆盖着15000张铝制碟片，像一片银光闪闪的云彩反射着光怪陆离的环境和色彩，在天空和灯光环境变化下产生无穷的折射和光影变化（图2.27）。

（5）建筑表皮艺术事件

建筑表皮是最能够改变场所体验的巨大媒介，因此艺术家常常将建筑表皮作为艺术创作的对象，给人以新奇的艺术体验。

例如英国建筑师兼艺术家Usman Haque运用灯光艺术对约克明斯

特的古老教堂进行了艺术创作，这次艺术创作名为"唤起"。设计师将
绚丽多彩的灯光投影到古老的建筑立面上，使建筑表皮呈现出奇幻的色
彩，投影图案还会随着观众声音的大小、频率、节奏产生变化。艺术化
的光影建筑表皮给人们熟悉到视而不见的场景赋予了全新的视觉感受。

图2.28　克里斯托夫妇《包裹帝国大厦》

加上建筑的大尺度和宏大的空间感，这种艺术形式给人们以强烈的艺术感染力。

克里斯托和让娜·克劳德夫妇是著名的大地艺术家，他们采用包裹的形式改变建筑的固有形态，1995年他们创作了《包裹帝国大厦》的艺术作品（图2.28），用10万平方米的银白色丙烯面料和1.5万米的深蓝色绳索将这座高46米、长183米、宽122米的庞然大物包裹起来，形成了临时建筑表皮。在阳光下，建筑呈现出最本质的比例和形态，展现出令人惊异的震撼力。这次艺术展出持续了14天，吸引了500余名游客。

综上所述，建筑表皮呈现出从具象到抽象、从固定到可变、从实体到虚体、从单向的信息传递到双向信息互动等实体消解的演化。

第三章 >>>>

建筑形态的消解

建筑，表达了一种思想，完全透过相互间具有一定关系的形体来
表达。——勒·柯布西耶

建筑的形体就是建筑的形态、体量，是人对建筑外部形状和大小
的感知。建筑形态是建筑外部的形状和动势，给人以力量感和心理上的
动态趋势感。建筑体量是指建筑物在空间上的体积，包括建筑的长度、
宽度、高度。建筑的体量大小对于人的空间感受有着很大的影响。

一、建筑形体的历史演变

在传统社会中，建筑形体大多数是欧几里得完美几何形体及其组
合。在工业社会，为了更快速地装配建造，建筑形体也多采用立方几何
体块及其组合。信息社会的建筑形体则呈现出自由的流体形态，具有多
义化、模糊性的特征。由此，在人们心目中形态明确、体块坚实的建筑
物出现了轻薄透明、模糊多义、柔软流动的消解趋势。

（一）威权化的传统建筑形体

在以农业为基础的封建社会中，人面对自然很弱小，王权和神权在人类的思想中占有很强的统治地位，代表王权和神权的建筑具有很强的威权感，常常夸大体量，实体感、物质感很强。

汉初萧何为汉高祖建造未央宫时说："天子以四海为家，非壮丽无以重威。"[1] 这明确表达了宫殿的设计意图，就是要让人产生威权崇拜和震慑之感。现在我们所看到的故宫具有强烈的中轴对称感，高高的台基，宏大的宫殿，层层的院落，彰显了一种帝国气势。可见，建筑的存在感，在古代王权建筑中被极大地强化了。

西方封建时期的建筑也是如此。例如，西方宗教建筑中哥特式教堂，高高耸立的钟塔高耸入云，建筑表面装饰了繁复的雕塑，虽然与以往相比建筑运用更多的玻璃采光，但内部空间依然昏暗朦胧，封闭性很强。教堂内部高度远远超越人的尺度，具有"神的尺度感"，给人一种压倒性的压抑之感。马克思在谈到天主教教堂时说道："巨大的形象，

---

[1] 徐卫民.西汉未央宫[M].西安：陕西人民出版社，2008.

震慑人心，使人吃惊……这庞然大物以宛若天然生成的体量，物质地影响人的精神。精神在物质的重压下感到压抑，而压抑之感正是崇拜的起点。"①

西方建筑用巨大的体量和宏大的尺度来强调建筑的永恒和崇高，究其思想来源，正如《东西方的建筑空间》的作者清华大学王贵祥教授所言："从古希腊开始，西方就认为在宇宙中存在着某种无休止向外流溢的物质'逻各斯'，它是一种宗教和精神的力量，具有创造万物的能力，而西方建筑不断追求体量拓展，追求空间向更大更高扩张的原始动力，可能就来自于'逻各斯'精神崇拜的物质转换的一种形式。"②

这种思想让建筑不断追求更大、更高的纪念意义。例如古代埃及金字塔用简洁稳定的形象和巨大体量，展现了超自然的神圣纪念感。罗马万神庙（Pantheon）用直径43.3米的巨大穹顶象征天宇；文艺复兴时

---

① 中共中央马克思恩格斯列宁斯大林著作编译局编译. 马克思恩格斯文集[M]. 北京：人民出版社，2009.

② 王贵祥. 东西方的建筑空间——传统中国与中世纪西方建筑的文化阐释[M]. 天津：百花文艺出版社，2006.

期建造的圣彼得大教堂的穹顶直径41.9米，内部顶点高123.4米；罗马科洛西姆大斗兽场高48米。

受这种思想的影响，西方现代建筑也强调宏伟的体量感，建筑设计将复杂的功能组织集中在一个大体量建筑中，做层数和高度的延伸，在技术允许范围内力图向高、向大延伸扩展，形成体量宏大，让人望而生畏的大体量建筑。

（二）现代建筑的欧几里得原型

从传统建筑到现代建筑的形体发展演变过程中，建筑始终以欧几里得几何体为原型。现代主义建筑运用结构主义的格式塔完形心理学原理进行几何形体组合，如同组装机器零件一样将各种"积木块"堆砌起来，几何体块或加或减，或堆砌或穿插。

西方艺术的表现方式也推动了设计师对建筑体量感营造的重视。在西方艺术传统中，在观察和描绘某一物象时，首先看到的是这一物象的体积及光影面的构成，着力于惟妙惟肖地再现这一对象。罗丹说："没有线，只有体积，当你们勾描的时候，千万不要只着眼于轮廓，而要注意形体的起伏，是起伏在支配轮廓。"① 可见，体积概念一直贯穿在西方的艺术表现中。因此，在传统建筑设计中，设计师着力表现建筑三维体量的宏大、高耸，在建筑主要体量外，用各种尺度的小体量如柱廊、塔楼等进行烘托，形成巨大而富于变化的整体体量。

西方传统建筑的这种彰显体量的设计手法，以自我表现为中心。这种观念推动了以人类自我为中心的几何式空间体系建造，特别是在工业化时代，"多快好省"的大规模建设形成了机械化、标准化、大规模、整齐划一的欧几里得建筑与城市。在设计建造中，用切挖场地来改变地形，用建筑设备调整自然气候的差异，对自然环境造成了很大的影响，人们越来越认识到这种消耗型、粗放型、简单地应对复杂自然的策略是不可持续的。

（三）后现代非欧建筑

后工业化时代，随着人们对个性化、多样性需求的增长以及计算机技术、材料技术、施工工艺的进步，建筑非欧几里得几何形体造型得

① 【法】葛赛尔.罗丹艺术论[M].傅雷，译.北京：中国社会科学出版社，2001.

以落地实现，同时，建筑也从静止庄重变得更具有运动感和速度感。

这一时期，随着对可持续发展的重视，人们在方方面面大量使用生态化技术，建筑设计在适应外界环境复杂性方面进行了更多的探索。

另外，在建筑功能方面，传统社会经济发展缓慢，建筑建成之后，功能可以长时间不变；到了工业经济时期，经济发展的速度大大加快，为了适应这种变化，产生了更多的可适性建筑设计，建筑形体也从追求永恒稳固向具有更多可变性转变。

二、建筑形体的消解

建筑形体消解的几个表现为形体从永恒到可变，从稳定明确到动态复杂，同时建筑也逐步与自然和城市空间更紧密地融合在一起，展现出消解的趋势。

（一）形体从永恒到可变

传统建筑时期，建筑在形态上是稳固静止的，建筑被视作"永恒的纪念碑"和"凝固的音乐"。

这种固化的建筑理念让建筑功能停留在构想之初和建造之时，但社会的经济发展、生活方式处于不断的更迭变化之中，建成若干年后，适合当初功能需要的建筑是否还能满足当下人们的生活和生产需求呢？

当今社会不再像传统农业社会，社会变迁和发展速度处于不断加快的进程中，发展速度加快与建筑的滞后性之间的矛盾因而愈加凸显。建筑如何能容纳更多的可能性，摆脱定义过分清晰的固化实体，成了一个可探讨的课题。

20世纪60年代，由一些年轻前卫的建筑师组成的"建筑电讯派"将"流通和运动""消费性和变动性"这些概念引入城市规划，引发了对建筑的灵活性和可变性的探讨，提出了许多对未来城市乌托邦式的畅想。

1962—1964年，彼得·库克构想了"插入式城市"。在他的构想中，城市由交通和市政设施搭建成基本的城市构架，可移动的金属舱体作为标准的建筑单元体，像乐高积木一样，根据人口规模，用起重设备

图3.1 赫隆 "行走城市"

在城市巨型构架上插入或拆除，形成不断随着需求而变化的城市形态。

　　1964年，赫隆构思设计了"行走城市"。在他的构想中，在未来世界，人们都采用游牧式的生活方式，不再固着在土地上。赫隆构想了一种金属巨型构筑物作为城市单元，城市生活的所有需求都能在这样的巨型构筑物里得到满足，它有着巨大的插入地下的管道，用以连接城市基础设施，这种金属巨型构筑物可以移动，就像一个个巨大的生物体（图3.1）。

"建筑电讯派"之后又提出了"即刻城市"构想。在这个构想中，可组装、可拆卸的城市通过远途运输，去到一个一个的目的地，让欠发达地区也能享受大都市的繁华和文化，城市成了流动性的消费品。

这些构想天马行空，出离反叛，但是反映了当时的一种设计趋势。设计师期望在新的时期，让城市和建筑具有越来越多可适应性和可变性。

1. 可变建筑

西班牙建筑师圣地亚哥·卡拉特拉瓦曾说过："建筑绝不是静止的，相反，倒应该说建筑是运动的物体。"[①] 在现代主义时期，建筑被视作机

---

① 【荷】亚历山大·佐尼斯. 圣地亚哥·卡拉特拉瓦：运动的诗篇 —— 国外建筑与设计系列 [M]. 张育南，等译. 北京：中国建筑工业出版社，2005.

器——"居住的机器",而机器的特征之一是各部分之间可以产生相对运动,因而给建筑安装上机器的可运动元件也是在情理之中的。让建筑成为可变的"机器",得以使建筑能够适应复杂的气候条件和使用场景的变化。

(1)建筑上的可开合系统

像敞篷轿车一样,建筑的屋顶也可以做到动态开合。体育场馆需要在体育赛事进行中应对突如其来的天气变化,俗话说"天有不测风云",明媚的阳光下,体育运动在室外场地开展让人心旷神怡,而在突如其来的雨雪天气条件下,敞开的体育场馆环境不适宜赛事的正常开展。因此,为了使体育场馆具有全时段的气候可适应性,开合屋盖结构应运而生,它能在晴朗的天气下开启顶棚,在恶劣的天气下迅速关闭顶棚,让建筑形体对天气变化即时做出反应,避免气候变化对赛事产生影响。

例如,日本建筑师仙田满设计的上海旗忠网球中心,它的开合屋顶由八片围绕中心旋转的屋盖组成,如同花瓣开放一般,又如相机镜头的螺旋式展开,开启方式十分巧妙,让人赏心悦目(图3.2)。

图3.2　仙田满　上海旗忠网球中心

目前，可开合结构系统不仅应用于体育场馆，还广泛应用于需要开启的飞机库、厂房和仓储建筑中。

（2）逐日建筑

阳光是自然界能量的主要来源，向日葵在开花时一直用花盘迎着太阳而转动。以此为灵感，建筑界也出现了随阳光而转动的"逐日建筑"。

例如德国的"太阳跟踪住宅"。住宅的建筑基座里设置了六个驱动器，依托在环形轨道上，驱动建筑在白天始终像向日葵一样对准太阳持续旋转，最大限度地用太阳能板接收太阳能，住宅的最大旋转角度可达到180度，夜晚再逐步旋转回到初始位置。"从技术层面上讲，这是高技术生态建筑摆脱了通过厚重的保温墙体、蓄热体减少能耗的被动式手段，转向主动式的能源收集。"[1]（图3.3）

（3）随季节变化的建筑

夏天人们舒展身体，袒露更多的皮肤用以散热，而在寒风瑟瑟的冬天，需要御寒的人们总是蜷缩身体力图保温。

德黑兰"Next office"设计公司运用这一原理设计了一座冬暖夏凉的房屋。伊

图3.3 太阳跟踪住宅

---

① 邓庆坦, 邓庆尧.当代建筑思潮与流派[M].武汉: 华中科技大学出版社, 2010:198.

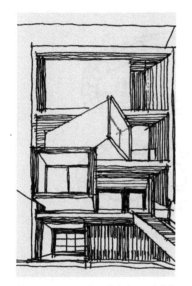

图3.4 "Next office" 设计公司 可变住宅

朗夏季炎热冬季寒冷，设计者在这座房子最上部的三层房间设置了旋转机关，在炎热的夏季按下旋转机关，这三层像大盒子的房间会旋转朝向外部，伸展"身体"，增加通风；在冬季又可以转回屋内，用"蜷缩环抱"的形态减少热量散失，保持空间的温暖（图3.4）。

（4）智能可变建筑

建筑能自动对外界的环境刺激做出反应吗？如今，在建筑设计中引入了计算机智能控制系统，让建筑有了"智慧的大脑"，在应对外界刺激的时候，建筑的反馈变得更加灵敏，这使得建筑变得就像生物。

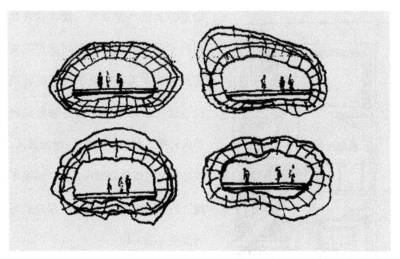

图3.5　芝加哥艺术学院博物馆剖面

　　2003年建造的芝加哥艺术学院博物馆是一座将智能式主动技术与建筑形态动态响应巧妙结合的建筑，它的外部界面由热气球纤维组成，楼板内嵌入了电子网络，这些网络与能引起建筑形态智能响应的系统连接在一起，使建筑形态可以及时响应外界的环境变化（图3.5）。

　　西班牙莎拉戈萨展出了麻省理工学院（MIT）设计实验室设计的数

图3.6　MIT　数字水展馆

字水展馆。"数字水"概念由MIT提出，整个建筑为一个矩形体块，奇妙的是建筑的墙体是由水幕组成的，水幕在数控技术的操控下，可以呈现出多种图像和信息。当人和物体接近水幕墙体时，感应装置自动控制人和物上方的水幕泄水口停止喷射，仿佛一个水幕的帘子自动拉开让人通过。当"水建筑"的水幕墙体关闭时，建筑就成了一个敞亭。另外，屋顶还可以从4.9米高度降至地面，这时，这栋建筑瞬间就隐藏消失了（图3.6）。

　2.临时建筑

　　在当今的电子时代，临时性已被看作时代的建筑特点。电子时代的建筑越来越多地具有临时性特征。伊东丰雄认为，建筑短暂的使用寿命是一种时代状态，并提出"短暂建筑"的理念。

伊东丰雄不认为建筑应该被设计成永恒之物，他希望建筑能符合时代特征，像流行时装那样具有暂时性。"我经常说的'floating'（漂浮的、浮动的、流动的、不固定的）并不仅仅是描述我在建筑上想要达到的一种轻盈、无重量感，还传达着一种我们的生活正在与现实失去联系的观点，生活正在变成一种伪体验……建筑自身正快速地变得更影像化，或者说是在导向消费品……我并不想仅仅抵抗现在这个情形，相反的，我想要深一层地加入到这个形势中来，并确定到底什么样的建筑是在这样的情形下可能产生并存在的。"[①]

因此伊东丰雄的建筑设计探讨可能性的变化，而不是试图去控制结果，他的设计作品呈现出短暂、脆弱、易变、开放式的特质，具有透明感、金属感和飘浮感。

例如1984年伊东丰雄设计的长野自宅——"银屋"（Sliver Hut），

---

① 大师系列丛书编辑部编著.伊东丰雄的作品与思想[M].北京：中国电力出版社，2005:14.

他以半户外的庭院为中心，运用穿孔铝板、轻钢构件和透明玻璃等现代建筑材料搭建了大小不等的银色拱顶，将庭院空间统一围合起来，整个建筑轻盈剔透，用现代材料再现了日本传统建筑玲珑飘逸的意象，整个建筑形体仿若来自未来世界的"太空飞艇"，光洁流畅，表现出信息时代建筑的暂时性和轻盈特质（图3.7），就像风一样，具有轻盈、短暂、

图3.7　伊东丰雄　"银屋"

一定程度的不稳定性和物质的不存在感。

现在，临时建筑已经在建筑界广为流行，临时建筑并不是人们印象中临时草草搭建、为将就而生的"窝棚"，例如世界博览会上短暂搭建和迅速拆除的建筑可是为展现最新理念和最新技术而"生"的建筑界"网红"。

世界博览会每隔几年就会在世界各地举办一次，集中展示各国社会、经济、文化、科技各方面的成就以及发展前景。如当年在伦敦举办的首届世界博览会上轰动一时、在建筑历史上留下浓墨重彩的"水晶宫"玻璃建筑，就是这样一栋"临时建筑"，它展现了当时的最新设计。"水晶宫"运用的新材料、新建筑形态和建筑空间在当时给人们以全新的体验。再如我们熟知的上海世博会，各个参展国家都着力打造最能反映展会主题、反映国家文化诉求的展馆建筑，这些博览会建筑要求在短短几个月时间里建造出来，并在展会后能迅速拆除或迁移到别的位置，这样的苛刻要求使得设计师在设计之初就要考虑轻质、易搭建和可拆除的建筑特性。

　　这种可拆卸的技术在展览建筑中得以被广泛应用。例如，HHD-FUN工作室设计了上海JNBY美国棉花服装临时展示会会场（图3.8）。建筑以三角形为基本形态，采用了装配化的构件，可自由组装成不同的建筑形态。结构上部用柔性材料围护，便于快速拆卸、运输、重组和搭建。多样化的组合方式，能满足不同的功能需求。举办T台秀时，这个

图3.8　HHD-FUN　JNBY临时展示会会场

临时建筑可以拼构形成较大的空间以符合走秀需求，当需要展示不同风格的服装时，则可以拼装成若干个形态各异的空间，以方便分别展示。入夜，通过灯光的烘托渲染，更衬托出它轻盈灵动的建筑性格。

3. 可移动建筑

建筑在当今又越来越脱离开坚固稳定的概念，出现了许多可移动建筑。

想一想，你印象中的可移动建筑是什么呢？帐篷、水上的船屋、游牧民族蒙古族的蒙古包、吉卜赛民族的大篷车、表演马戏的壮观的巨大棚架、房车……

以蒙古包为例，游牧民族出于长期迁徙的需要，他们的建筑——蒙古包具有易于拆卸、方便组装、便于移动的特性。如今城市里的大部分建筑由于产权的资本属性被固着在土地上，易于搭建、可移动、便携的建筑有新的用武之地吗？答案是有的。地震救灾建筑、便携式休闲建筑等等都是现代社会离不开的可移动建筑。而且，随着技术的发展，轻质高强的现代材料使得可移动建筑越来越轻量化，特殊的结构让现代可移动建筑可收可放，便于运输。可移动建筑在多领域广泛应用，日益展现出它的独特魅力。

（1）易于收放的可移动建筑

例如，2011年日本建筑师矶崎新（Arata Isozaki）和英国艺术家安尼施·卡普尔（Anish Kapoor）共同设计制作了膜结构移动音乐厅。这个音乐厅采用充气膜结构，用防水透光的柔性膜材料建造而成，它就像一个大型的充气气球，覆盖了高约18米、宽35米，面积约1800平方米的空间，能同时容纳500人欣赏音乐会。在音乐厅内部，紫色膜材料散发出梦幻般的紫色光影效果，营造出浪漫壮观的艺术空间。这个膜建筑可以将气放掉后收纳折叠起来，运到别处再展现它美丽壮观的身姿。这个移动音乐厅于2013年在日本松岛落成，2014年在仙台展出，2015年在卢塞恩音乐节上获得最佳创新奖（图3.9、图3.10）。

（2）车轮上的可移动建筑

例如英国Ten Fold Engineering公司设计开发的一款模块化可移动房屋Ten Fold，拖车将箱式的Ten Fold房屋安置到预定位置，按动按钮，

图3.9 矶崎新与卡普尔 移动音乐厅

图3.10 矶崎新与卡普尔 移动音乐厅室内

原本卡车车厢大小的箱体就会像变形金刚似的，展开释放出比箱体大三倍的房子，这个房子的内部空间分隔可以按照屋主的要求进行设置，满足屋主的空间定制化需求。Ten Fold 房屋还内置了蓄水箱和太阳能面板，让房屋在没有城市基础设施的情况下也能装备良好的生活设施。同时，定制化的 Ten Fold 房屋还可以用作灾害救援房屋、教室和流动商店等（图 3.11）。

图 3.11　Ten Fold Engineering　Ten Fold 房屋

（3）漂浮的水上建筑

荷兰的国土四分之一都在海平面以下，而且还在沿海，可以说随时都有可能受到海水的侵袭，因此荷兰人特别具有忧患意识。荷兰建筑师 Koen Olthuis 设计了一款漂浮建筑，它像船一样，可以随水而居，在需要的位置停泊，并可以和其他漂浮房屋连接在一起，成为一个社区。这种房屋联合方式提出了一个新的城市观念，即城市不一定要坐落在坚实稳固的土地上，水面的漂浮城市也可以成为现实，并具有可重组、可移动的特点。

（4）便携式建筑

建筑不一定是很大很正式的，人们期望建筑能随身携带，从很小的体积展开成为庇护自己的房屋。帐篷实际上就是一种便携式的建筑形态。对于帐篷这种便携式建筑，你能想到的改进方面有什么？更实用、更豪华、更浪漫、更结实、更高科技吗？这些想法都可以实现。

比如更浪漫一点的帐篷。在野外晚上露营时，我们感觉比起城市的夜空，野外的星星更为璀璨夺目，因而迟迟不愿进入帐篷入睡，如果能看着星空入睡该是多么浪漫的事啊！为此，法国设计师Stephane Dumas设计了一款"透明泡泡屋"，平时收起来，到野外露营时充气而成一个晶莹剔透的星空仰望小屋。这个"泡泡屋"由膜材料围合而成，空间宽敞明亮，还可以几个泡泡聚合在一起做成套间，内部沙发、茶几、台灯、床一应俱全，具有生活的高品质感，完全不是我们印象中的传统帐篷（图3.12）。

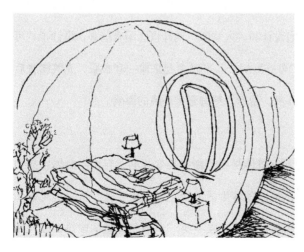

图3.12 Stephane Dumas
透明泡泡屋

比如高科技帐篷。2005年日本建筑师隈研吾设计的KXK亭子采用2毫米的镁SMA记忆合金框架作支撑结构，外部包裹着极其轻薄的EVA薄膜材料。外观上这个球形帐篷轻盈脆弱，仿佛要消失似的，实际上这是一个应用了高科技材料的便携式帐篷。镁SMA合金具有记忆功能，会随着温度的变化而变化。降温时，合金的硬度会降低，方便人们将其折叠进一个小型容器中；升温时，这个小亭子又会恢复原状。

再如可穿型房屋。1966年受宇航员的太空服和生存太空舱的启发，迈克尔·韦伯设计了能让人在恶劣环境下保持舒适的单人环境服。1968年，韦伯将充气住宅设计和"太空服"设计概念结合起来，设计了"可穿型房子"。这个"可穿型房子"平时穿起来像一套衣服，充气膨胀后能形成一个小空间环境，帮助人抵御恶劣环境的影响。

4.生长型建筑

自然界的生物和有机体是在不断生长变化的，容纳生命体生活和工作的建筑，也应该可以随着生活的变化而发生变化。从一定时期来看，任何建筑的使用都不可能一成不变，"只有很少量的建筑在投入使用若干年之后还保持了建造之初的状态。改造、维修和维护工作一直在改变着建筑。在较长的时间段里，建筑一直在随使用者要求和环境的变化而改变。实际上在一定的时间跨度之内，没有一栋建筑，而是一系列不同的建筑"①。

在建筑师的构想中，建筑应该具有像生物一样的生长特质，成为似乎有生命的不断生长变化的建筑。在这方面，建筑界有着长久的探索和各种奇思妙想。

（1）生长的城市

20世纪50年代，以史密斯夫妇和温·艾克为首的青年建筑师组成"十次小组"，提出了许多有关城市规划的独特创见，其中一个十分重要的观点是"改变的美学"。他们认为，城市不是静止不变的，它是随着时间而变化发展的，城市规划应当关注这种变化。

"十次小组"的重要成员乔治·坎迪里斯（George Candilis）提出

① Abdol R . Chini. *Deconstruction and Material Reuse :Technology* , *Economic and Policy.* CLB Publication 266, Proceeding of the CLB Task Group 39 Deconstruction Meeting , CIB world Building Congress, 6 April 2001 Wellington , New Zealand.

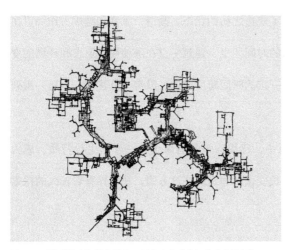

图3.13 "丛簇城市"城市尺度，图片参考《非标准建筑笔记》

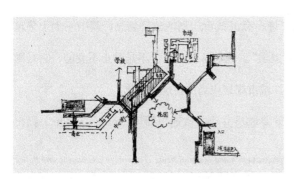

图3.14 "丛簇城市"社区尺度，图片参考《非标准建筑笔记》

"从簇城市"的概念（图3.13、图3.14）。"丛簇城市"以线型中心为"茎干","茎干"是城市扩展的主干,"茎干"包括交通联系通道和各种服务设施,为住宅区提供服务,随着人的需要而蔓延。茎干间自由地安排住宅等填充物,形成多触角扩展的发展模式,成为适应人们需求发展、不断生长的有机体。①

日本"新陈代谢派"借用"新陈代谢"这一生物学用语,提出城市和建筑不是静止的,而是一直处于生物新陈代谢般的动态过程中。矶崎新设计了名为"空中城市"（City in the Air）的构想方案,这个方案将建筑设计得如同挺拔的大树一般,"树根"深植于地下,和城市基础设施相连,"树干"上从四面"生长"出如树叶般的建筑单元体,建筑单元体按照需求可以增减变化,形成生长的城市。"空中城市"不破坏原有环境,尽量减少对地面的占用,形成了新城和旧城的共存局面（图3.15）。

① 赵和生."十次小组"的城市理念与实践[J].华中建筑,1999（1）.

图 3.15　矶崎新　"空中城市"

（2）生长的建筑

1961 年，荷兰建筑师约翰·哈布瑞根提出了"骨架支撑体理论"，出版了《骨架：大量性住宅的另一种途径》。作者在书中将住宅拆分为骨架，即固定不变的建筑承重体系部分和随着时间和使用功能需求可变动的构件部分。

1967年，赫尔曼·赫兹伯格（Herman Hertzberger）设计了荷兰比希尔中心保险公司新办公楼，他秉承"空间可能性"的哲学思想，追求建筑为使用者提供适应其需求的框架，容纳更多可能产生的变化。比希尔中心将办公区域分解成许多个性化的工作平台单元模块，这些单元模块由三维延展的交通流线串接起来，形成可根据需求扩展的单元结构。

日本"新陈代谢派"提出，在使用寿命较长的建筑主体结构上，更替使用寿命短、变化较大的功能部件——"可更换舱体"，以适应建筑功能的变化。

例如黑川纪章的中银舱体大楼就是典型的单体可装卸变化模式的践行者。中银舱体大楼建成时，两个内设电梯和管道的钢筋混凝土井筒上悬挂了140个正六面体的住宅单元舱体，每个住宅舱体都是一个完全独立的住宅单元，在工厂中进行标准化加工制造，当建筑在使用阶段居住人口数量发生变化时，再用大型机械在筒体上增加或拆除住宅舱体，施工不影响建筑的正常使用（图3.16）。这个设想不错，但实际使用至

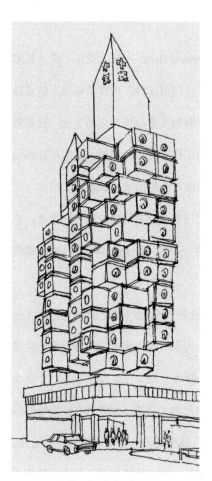

图3.16 黑川纪章 中银舱体大楼

今，中银舱体大楼的住宅单元还没有进行过增减作业。

1985年，罗杰斯在美国新泽西州设计了一个实验室建筑——PA科技中心。该建筑为单层钢结构，以中央线型骨架为轴，可以根据需求依托中心骨架的交通核进行扩展，并可根据功能需求灵活改变风格和用途。

2002年，拉菲尔·维诺里领衔的Think Team建筑师组合提交了世界贸易中心重建方案，这个方案设计是一个可生长的建筑，建筑由两个中空的钢结构框架和可更换的"舱体"构成，功能发生变化时，可将各功能舱体组合填充到固定的主体结构框架中，形成一个生长和开放的系统。

生长的建筑理念不仅可以应用于经济发达的地区，在贫困地区，让建筑留有更多的空间设计弹性，为未来的扩建生长留有余地，也是经济合理、保持可持续发展的一种现实需求。

例如，关注灾后重建和贫困地区建设的台湾建筑师谢英俊，他的乡村"协力造屋"计划采用了"冷弯薄壁型钢家屋结构体系"，这种结构体系经过十多年的实践经验积累而成，主体结构由专业工厂加工，现场组装而成，这套结构体系在类似于传统构架的梁柱体系上增加了斜向支撑和剪力墙，整套结构系统轻量高强，整体抗震性能好。这种建筑具有开放性和生长性，户型组合和建筑填充墙由农户参与协作完成。当地农户根据自身需求，采用当地材料进行围护填充墙体的搭建，衍生出多种多样、具有开放性的屋型；建筑结构体系中预留出挑杆件，为今后的扩建提供了条件，是一种具有开放性和可生长性的建筑体系。[①]

谢英俊倡导建筑自发性生长，把基本建筑骨架和服务系统建造出来，其余的空间界定分隔由使用者去增减搭建，形成生长型建筑。这就像珊瑚礁似的，珊瑚牢牢攀住已有的礁石，在礁石上充分利用自己的小空间生发出各式各样的生命，最终形成形态上丰富多样、生命力旺盛的建筑社区。

（二）形态从稳定明确到动态复杂

在建筑设计中，西方古典建筑在形体设计中遵从了明确的几何形

---

① 聂晨."协力造屋"——农房重建模式与技术[J].建设科技，2009（9）.

体和严谨的数的概念，建筑形体稳定、静止、明确。现代建筑也秉承了这一特点，以单纯的几何形体来设计建筑物，用适宜工业化生产的机械装配式方法进行迅速大量的营造。其后，后现代建筑时期出现了各种建筑思潮，随着计算机技术、施工工艺和材料技术的进步，新的建筑形式层出不穷，形态上更为自由，从稳定明确变得动态复杂。简单来说，建筑形态经历了建筑经典化讲求纪念性—功能至上化讲求实用—冲破束缚表达情感—理性和感性相结合设计建筑的阶段。从表象来看就是异形建筑越来越多了。

1.设计方式的变革

一直以来，基本几何建筑形体都被设计师所推崇，勒·柯布西耶说："原始的形体是美的形体，因为它使我们能清晰地辨识。"他赞美简单的几何形体，在其著作《走向新建筑》中指出："由光显示出来的立方体、圆锥体、圆球体或金字塔形乃是伟大的基本形，它们不仅是美丽的形，而且是最美的形象。"[1] 直到现在，抽象的几何美学设计思想依然

---

① 【法】勒·柯布西耶.走向新建筑[M].陈志华，译.北京：商务印书馆，2016.

长盛不衰。

同时，西方建筑史中一直存在着非理性主义和浪漫主义表达倾向，但处于非主流、被压抑的状态，例如十六十七世纪，欧洲文艺复兴晚期的巴洛克艺术，十九二十世纪之交西班牙建筑师高迪的作品，这些浪漫主义潮流中的建筑作品装饰复杂，建筑建造耗时长，费用高昂，必定在追求"多快好省"的现代建筑时代受到冷落。

例如，浪漫主义建筑师高迪在西班牙巴塞罗那圣家族大教堂的设计建造中，亲力亲为参与督造施工，历时40年，临死前依旧只完成了工程的一部分。举世闻名的悉尼歌剧院的建造从预计的4年工期拖到17年，花费也从预算的700万美元到最终的1亿美元，严重超时超预算。

这些得以实现的异形建筑始终是凤毛麟角。一方面，这样耗时耗力的设计在追求速度和效益的工业社会中是不合时宜的，设计标准化、装配式施工是建筑工业化、规模化的法宝，因此工业社会排斥建筑强调个性化的创作。另一方面，建筑师表达异形建筑设计意图时也遇到很多困难，无法让施工人员充分理解其复杂的设计意图。比如高迪在指导施工时不得不放弃了传统的制图方式，采用实体模型和现场指导的方式进行施工。

随着现代技术的发展，特别是计算机图形分析技术和数字化控制建造技术的产生，为建筑设计、建造异形建筑物提供了前所未有的强大技术支撑，涌现了参数化设计和数字化设计、非线性设计等新的设计方式。

例如在数字化设计中，计算机软件起到了将设计师的艺术化作品转译为精确数字化模型的作用，盖里因此指出："过去，从我的构思草图到最后的建筑总是有许多隔阂，设计意图在到达施工工人之前就失去了设计的感觉。有时，我自己感觉是在说外语。现在好了，所有的人都明白我的意思。在这种情况下，计算机更像是个解释者。"①

同时，计算机辅助制造系统能将产品施工从以往的异形造型必须委托人工加工，提升为可以直接进行工业加工，增强了施工精度，降低了施工造价。复杂形态的建筑设计和建造问题在新技术的发展中得到解

---

① 宗净，邹德侬.计算机和纸笔共用——建筑设计中互为补充的多种三维设计[J].建筑学报，1999（1）.

决，为建筑师探索复杂造型和空间拓宽了道路。

以荷兰著名的先锋建筑事务所蓝天组为例，他们的设计作品以大胆的创意、异形的建筑形态闻名。蓝天组在项目设计中，以激烈的讨论和研究为基础，同时强调艺术家式的感觉，提倡建筑外部形态是建筑内部空间的感觉延伸，鼓励设计师尽量挖掘自身的情感力量，并将这种情感力量体现在作品的空间设计中，创作出充满激情的原始设计概念，然后由数字化技术进行完善处理，将创意转换为精确的数字模型。数字模型的部件信息传输到工厂进行制作加工，最后将制作好的部件运输到施工现场装配安装。整个设计过程运用电脑技术辅助设计，工厂预制，装配化施工，大大缩短了工期，降低了异形建筑的设计建造成本。

2.异形建筑的兴起

在1980年的"建筑必须燃烧"的对话中，蓝天组谈道："我们并不想建造保守式样的建筑，我们厌烦于看到帕拉蒂奥和其他戴着历史面具的建筑。那是令人忧虑的，因为我们不想排除任何建筑的存在。我们要建筑更多元化；我们要建筑流血损耗及运转甚至被打破，建筑应是燃烧的、如针刺的、强拉及撕裂的，建筑必须像河流一样炙热，是流畅的，艰涩的，尖角的，抗拒的，活泼的，麻木的，悸动的。"①

在传统中建筑一向具有崇高的纪念性，是彰显王权和神权的丰碑。西方古典建筑将基本几何形体视作最完美的形体，这种基本几何形体都是封闭性较强的完整几何形体。现代建筑时期，古典建筑的六个界面的封闭围合被打破，离散化的围合产生了开放性空间。到了解构主义时期，建筑形体设计进一步混淆了建筑各个界面的分界和定义，出现了复杂和动态的建筑形体。在新的消费经济时代建筑的纪念特性褪去，建筑甚至被视作一种游戏物。

后现代主义建筑追求设计的随机性和偶然性，追求非理性的表达，着力对完整构型进行扭曲、分解和重组，创造复杂随机的建筑形象（图3.17）。后现代主义的代表人物埃瑞克·莫斯宣称："我不想提供那种单一化和头脑简单的答案。如果每个作品仅是简单的对称、简单的平衡或单纯的线性、单一的叙述性，那就是头脑简单，我所经历的世界并不是

---

① 李星星.蓝天组的解构主义建筑形式研究[M].长沙：中南大学出版社，2016:65.

图3.17 后现代建筑-1

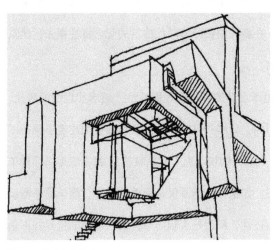

图3.17 后现代建筑-2

图3.18　文丘里后现代作品"母亲住宅"

那样的。"①

　　文丘里在《一篇温和的宣言》中写到，他爱建筑的复杂和矛盾，他所热爱的复杂和矛盾的建筑是以"包括艺术固定经验在内，丰富不定的现代经验为基础的"。文丘里提到，"除建筑以外，任何领域都承认复杂

————————

①【美】艾瑞克·欧文·莫斯. 艾瑞克·欧文·莫斯建筑设计作品集[M]. 贺艳飞，译. 桂林：广西师范大学出版社，2017:81.

和矛盾的存在。无论是数学中，哥德尔对'不完全性定理'的证明，还是艾略特对于诗歌的分析"[1]（图3.18）。

日本建筑师相田武文认为："建筑师必须经常对他要创作的建筑形象做绝对主观的判断，总之只要涉及建筑形象，我就打算尽可能专制地做出我的判断。"[2] 他主张建筑的功能和形式应该分离，应该摆脱历史和文化的束缚，按照建筑师的直觉和激情来设计建筑。

20世纪70年代，相田武文设计了一系列以"积木之家"命名的小住宅，用搭建积木游戏的方式来组合建筑形态和形成建筑空间。这一设计方式是对建筑固有形式观念的颠覆，反映了他对建筑严格的功能主义观念的批判，在严肃古板的建筑传统形式之外谋求非理性的浪漫主义表达（图3.19、图3.20）。

解构主义建筑师尤为著名的是弗兰克·盖里，他在设计中喜爱运用解构、拼贴、反转、混杂、并置、错位、模糊边界、去中心化、非等

---

[1] 邓庆坦，邓庆尧.当代建筑思潮与流派[M].武汉：华中科技大学出版社，2010:30.

[2] 【日】相田武文.积木之家：日本建筑家相田武文建筑创作录[M].路秉杰，路海君，译.上海：同济大学出版社，2001.

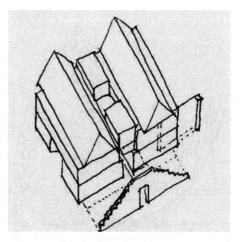

图3.19　相田武文　"积木之家"

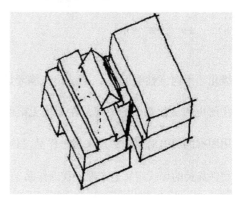

图3.20　相田武文　"积木之家"

图3.21 盖里 "鱼舞"餐厅

级化、无向度性等手法，营造出充满矛盾的冲突感。他宣称要摒除以往历史和文化观念的束缚，在无拘无束的情况下自由地创作，主张不用固有的美丑对错的标尺来衡量作品。他说："如果你想从秩序、结构、完整和美的形式定义上来理解我的作品，那你就完全错了。"[1]（图3.21）

---

[1] 大师系列丛书编辑部.弗兰克·盖里的作品与思想[M].北京：中国电力出版社，2005.

早期，盖里尝试了一些建筑形态上有很大随机性和任意性的作品，探讨廉价材料在建筑上的运用，挑战人们既定的建筑审美观。例如盖里设计的圣莫尼卡自宅扩建改造项目（图3.22）。这座住宅是一座增建建筑物，旧有部分是传统的荷兰式两层小住宅，而盖里增建的部分像一堆碎片随意地堆砌在旧建筑周围，透明玻璃立方体仿佛随时要塌落下来似

图3.22 盖里 自宅

的，形成一种随意混乱和未完成的感觉，和旧建筑形成了鲜明的对比。其实细看能发觉，这种随意感实际上经过了设计者精心的设计。盖里希望用这个建筑表达自己的观点，即建筑设计可以是即兴表演，仿佛"碰巧成了那个样子"，建筑形态可以是任意的，不必遵循旧有的观念。

盖里的设计与众不同，缘于盖里将建筑视为雕塑艺术品。在1980年出版的美国《现代建筑师》杂志上，盖里宣称，"我去接近建筑是将它作为一个雕塑目标，它如同一个特殊的容器，它是一个有光线和空气的空间，一个与周围环境协调、体量适度并具有情感和精神的容器"①。1998年12月，美国《建筑实录》杂志主编罗伯特·尔文（Robert Evy）采访他时，他称"我关于建筑的理论、我的想法来源于艺术"，"所以绘画雕塑对我的世界、生命来说至关重要"②。他的成名作品是1997年的西班牙毕尔巴鄂古根海姆博物馆。

西班牙毕尔巴鄂古根海姆博物馆的外部形态呼应了毕尔巴鄂市悠

---

① 大师系列丛书编辑部.弗兰克·盖里的作品与思想[M].北京：中国电力出版社，2005.
② 顾同曾.洛杉矶文化音乐中心掠影：兼论盖里的创作思想[J].建筑创作，2005（11）.

久的造船业历史。这个复杂的建筑形态具有多义性，给人以丰富的联想，可以说是一个精彩的抽象艺术作品，它由多个不规则的流线型体块和数个规则的石材体块组合而成，这些体块围绕着一个中心轴呈放射状布局。盖里将建筑表皮处理成各向弯曲的双曲面造型，弧形体块上覆盖着3.3万块钛金属片，在阳光的照耀下银光闪烁，与波光粼粼的河水相映成趣，即便是被阴影遮挡的北立面也由于日光入射角的变化，产生不断变动的光影效果，避免了大尺度建筑在北向容易产生的沉闷感。

古根海姆博物馆的室内空间设计尤为精彩，特别是入口处的中庭设计，被盖里称为"将帽子扔向空中的一声欢呼"。它是一个高耸的异形空间，围合空间的曲面层叠起伏，涌动飞腾，极具动势，光从天窗直泻而下，营造了生动的光影，空间艺术强烈的冲击力调动起随之而舞动的狂欢之情。

西班牙毕尔巴鄂古根海姆博物馆飘逸的造型、华丽的外表、绚烂的空间展现出建筑蓬勃的生命力，给人留下深刻的印象，一改建筑以往给人静止凝重的审美体验，一经建成就成为旅游热点（图3.23）。

图3.23 盖里 西班牙毕尔鄂古根海姆博物馆

3. 激情表达后的理性依据

后现代建筑思潮的激进发展，冲破了建筑固有的规则模式，各种建筑思潮就像海上喧嚣的浪花，竞相绽放，其中主要的解构主义设计手法冲破了现代主义建筑设计单一的建筑语汇，创造出让人惊讶、令人耳目一新的作品，但这些因解构而生的新形式在百花齐放之后，逐渐沉寂下去。

解构主义建筑以分离、打散、拼贴、重组的方式来生成新的建筑形式。解构主义建筑设计崇拜运动感，否定秩序感，主张在无意识的创作状态中寻找反理性主义的创作灵感，它是在反现代主义思潮基础上产生的，具有批判性、实验性和先锋性，源于对现有形式的不断颠覆。解构主义建筑设计的操作手法常常缺乏合理的逻辑性，就像将原来的现代建筑拆解了再拼接重构起来，致力于创造矛盾和冲突，凭借设计师的感性直觉，十分随意，这种设计理念显然缺乏长久的生命力。正如格莱-林恩提出的：解构主义建筑遵从的是"冲突与矛盾的逻辑"，在给人带来惊讶与冲击的同时，也带来了许多问题。因此许多建筑设计师开始找寻建筑形态激情表达背后的理性依据。

在这方面，参数化设计给建筑师提供了综合解决设计背后诸多问题的参考。参数化设计把建筑设计视为一个受到多种因素影响的复杂系统，将各种因素设置为参数变量，根据设计目标和可实现性建立建筑数学化参数模型，通过调整参数值，获取一系列设计参考方案，辅助设计师进行设计。

这种设计方法能将复杂的因素定性和定量化，通过计算机强大的处理功能来帮助解决复杂的问题。比如，在设计高科技生态建筑时，可以将环境工程、光电技术、空气动力学、流体力学等专业内容整合到建筑设计中，采用计算机技术模拟建成后建筑的能源输入和消耗情况，对空气流动进行空气动力学等实验，以此作为建筑设计的依据，提高能源和资源的利用效率，减少对不可再生资源的浪费。这些复杂问题在以往的设计中是很难解决的，而计算机技术的应用，为复杂问题的解决提供了助力。

可以看到，当今许多异形建筑已不是单纯情感艺术的产物。例如，库哈斯的西雅图公共图书馆多面的折叠形体块源于对建筑内部空间的外部回应，源于对入口遮阳、西面遮阳、南面采光、北面避免对人行道造成光影遮挡等多方面的需求，经过专业软件的反复推敲计算而形成现在的建筑外部形态，而不是出于感性的情感表达而得出的建筑构型

图3.24 库哈斯 西雅图公共图书馆

（图3.24）。

芬兰赫尔辛基当代艺术博物馆的非线性建筑形态也不是空穴来风，而是源于建筑师斯蒂文·霍尔对于场地自然和人文环境的综合思考，并由此引出了"交错"的设计概念。该建筑场地位于城市规则的人工形态和自然自由景观形态的交界地，为了呼应场地环境，建筑由半个矩形体量与一面弧形墙组合而成，建筑参观弧形路径为参观者提供了连续展开的空间序列。同时，建筑物的非线性建筑形态满足了采光要求，场地处于高纬度地区，自然光倾斜角度接近水平线，建筑设计的扭转形态使得博物馆的25个展室都能获得自然光（图3.25）。

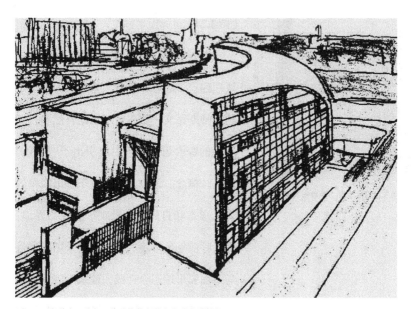

图3.25 斯蒂文·霍尔 芬兰赫尔辛基当代艺术博物馆

　　扎哈·哈迪德的早期设计作品关注自身的艺术表达，反映了俄罗斯至上主义、构成主义等艺术风格，形态棱角分明，极富动感，通过体块的破碎、倾斜、叠加形成相互冲突的形象，极具运动和速度感，并不在意建筑所在基地的内涵。

而到这一时期，扎哈的作品也转变了风格，她从建筑的场所基地出发，将建筑和场地形态结合起来，建筑自由地从地表蔓延生长，形成和地形地貌相协调的有机建筑。

（三）建筑形态与自然相融

建筑设计被看作是将原有场地和人的使用要求结合起来塑造一个新的场所，在这个新场所中，既要具备原场所的特征，又要符合人们的需求。如何对待自然、现状和历史遗留问题，不能只是被动地接受，或者强硬地拒绝，而应本着积极主动的态度，将处理这些关系作为设计概念生发的条件，从而找到独特的解决之道。其中，如何处理建筑与自然的关系问题十分重要。

在西方传统的自然观中，自然是上帝为人类准备的"大花园"，所有动植物都是为人类准备的、为人类提供服务的，这是以人类为中心的自然观。在这种思想观念下，西方传统建筑在自然景观中居于中心地位，景观庭院设计中充满了几何化造型，无视自然的原有形态，对自然形态的改造大于顺应和尊重。在经济飞速发展、人类对自然的影响力日益加大的今天，这种人类中心观导致对自然的无节制索取，使人类的生存环境急剧恶化，因而人们开始反思这种自然观，开始呼吁可持续发展，倡导尊重自然，和自然和谐共处。在此背景下，建筑设计也开始主动地关注与自然的关系，从建筑形态上反映为与自然融合的趋势。例如让建筑形体融入自然环境，由自然因素推导建筑形态，甚至思考和探索人工自然。

1. 融入自然

在自然景观占主导的建设场地中，设计师有意地削弱建筑体量，或者柔化建筑形态，主动地与自然环境融合；而在建筑占主导的建设场地中，设计师将自然元素巧妙地与大体量的建筑结合，如让植物将建筑作为可依附生长的"山体"，两者共融共生。在这里，建筑不再是被尊崇的崇高形体，它成了人工自然，一种不被察觉的力量。

（1）建筑融入自然

"有机建筑"主张的代表人物赖特曾说过，建筑应该与周围的环境协调，应该像从那儿生长出来的，并与周围环境协调一致。在自然环境占主导的空间环境里，建筑师力求让建筑消解体量融入自然。

日本的SANAA建筑事务所设计的蛇形画廊夏季展亭就展现了建筑与自然景观融为一体的理念。蛇形画廊位于伦敦，自2000年开始，每年的5月和10月，主办方都会邀请世界有名的设计师在伦敦的肯辛顿花园里设计一座夏季临时展亭，以承载各类公共活动。建筑师将个性独特的设计作品呈现在公众面前，拉近了建筑设计与公众的距离，这项活动也逐渐成了建筑界的一项盛事。

2009年SANAA建筑事务所设计的蛇形画廊夏季展亭，形体上用自由的曲线模拟液体流动的形态，建筑自由的形体自然地避开场地上的树木"流淌而过"，形成富有张力的形态，建筑屋顶使用夹芯板上下覆盖着镜面铝板，薄薄地飘浮在不规则矗立的不锈钢立柱上，镜面的反射材料映出草地、树木和蓝天，整个建筑和公园的自然景观融合在一起（图3.26、图3.27）。

伊东丰雄在西班牙托雷维耶哈休闲公园的设计方案里也体现了建筑对环境的尊重。托雷维耶哈位于西班牙南部，当地政府要在地中海海

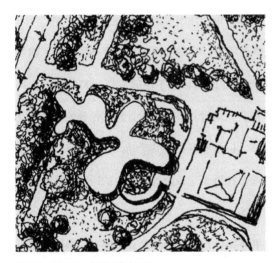

图3.26　SANAA　蛇形画廊总平面

图3.27　SANAA　蛇形画廊

图3.28 伊东丰雄 托雷维耶哈休闲公园

岸线边两个湖之间修建一个以休闲娱乐和生态环保为主题的休闲公园，设计师根据地中海的沙滩走势和地形变化设计了三个流线型的主体建筑，这些建筑与景观融合在一起，营造了缓和的沙丘状"小丘"，呼应了周围的地理环境形态（图3.28）。

（2）自然元素融入建筑

随着人工建造区域的日益扩大，钢筋混凝土包裹的城市对于自然的影响日渐突出，人们对于城市的依赖和对自然的向往形成矛盾。在城市的建筑密集区，如何将自然和建筑融合起来成为设计师考虑的重要问题。

　　2000年汉诺威世界博览会以"人·自然·技术：展示一个全新的世界"为主题，强调以人类的巨大潜能，遵循可持续发展的原则创造未来，从而带来人类思想的飞跃，实现人、自然和技术的和谐统一。在这次世博会上，MVRDV事务所设计的荷兰馆提供了在技术高度发展、人口密度高的社区如何与自然共存共荣的独特解答。荷兰人口密集，土地稀缺，设计师构想让人的生存空间沿垂直方向延伸扩展，将人工化的自然做成多层的立体化庄园。荷兰馆的建筑空间共分五层，建筑的第一层是蓄水沼泽地和沙丘景观，仿佛是原始洞穴；第二层是农业种植层，花圃里种植着缤纷的郁金香；第三层被称作"牡蛎"，是森林抽象的"根茎"，暗示支撑荷兰社会的基础设施；第四层是种植着乔木的空中庭院，暗喻着森林；第五层是"剧场"，播放着介绍荷兰高密度人口社会状况的视频。屋顶层则设计了"湖泊"围绕着"岛屿"的景观，屋面上设置五个风力涡轮机进行风力发电，补充建筑能源。针对整个建筑的水系，设计师设计了巧妙的循环系统，水由水泵抽到屋顶的"湖泊"，而后渗入第五层，以"雨"墙的形式分隔空间，接着流向第四层形成水雾及水幕，在第三层冷却外墙，然后往下作为植物的灌溉用水，最后渗入最下一层的沼泽。整栋建筑将自然层层垂直叠加，用技术重塑了一个"垂直"的自然生态系统。这个案例是人们对未来自然纳入建筑之中的一种构想和概念性表达。在这个人工化的自然中实现了人与自然共融共生的理想，做出了荷兰式的"人·自然·技术"诠释（图3.29）。

近年来城市高密度

图3.29　MVRDV　汉诺威世界博览会荷兰馆

居住区与自然结合的建筑设计作品层出不穷，如荷兰鹿特丹的"城市仙人掌"建筑，丹麦罗多弗雷的"空中村庄"，美国的"纽约绿塔"等。设计师也提出了许多相关概念，如"生物气候摩天大厦"、"生态摩天大厦"、垂直绿化（杨经文，1995）、"垂直农场"（戴波米耶，2010）、"景观立面"等等。

① 垂直绿化

"垂直绿化"就是将绿化和建筑垂直立面结合起来，创造更多的绿化面积。垂直绿化的鼻祖法国植物学家帕特里克·布兰克将植物巧妙地种植在建筑垂直界面上，创作出壮观的空中花园。建筑密集区的绿化面积很小，城市景观单调枯索，缺乏生气。有鉴于此，帕特里克采用垂直花园的建设方式，将原本枯索冰冷的石质墙面变成了生机盎然的植物"挂毯"。他的垂直花园作品很多，如伦敦雅典娜酒店、巴黎凯布朗利博物馆、泰国曼谷的模范购物中心。布兰克的作品不仅从建筑美学出发，同时按照植物在自然界的生长特性来设计植物墙的品种组合和栽植方式，他的垂直绿化不仅附着在建筑外墙上，也弥漫于内外空间中，形成了绿化与空间的立体结合。

②垂直森林

"垂直森林"是将垂直绿化更进一步，将高大乔木结合到高层建筑的绿化种植之中，创造层次丰富的绿化系统。

2014年意大利建筑师博埃里（Stefan Boeri）设计的米兰BoscoVerticale

图3.30　博埃里　"垂直森林"

公寓大楼，将大量植物种植在这两栋高层塔楼大大小小的露天平台上，形成郁郁葱葱的"垂直森林"，据称这两栋公寓阳台上种的植物相当于一公顷森林所拥有的绿化量。和垂直绿化不同的是，这些植物不仅有小型灌木，还包括近800棵3—9米的高大乔木，其他还有大量的灌木和攀缘植物，这些植物形成绿色的屏障，为居民遮挡夏季强烈的阳光，调节室内的温湿度，过滤空气污染和汽车噪音（图3.30）。

③ 垂直农场

"垂直农场"是将农业生产和建筑相结合，设计致力于农业生产的建筑。

20世纪60年代早期，平屋顶的绿色种植技术在欧洲各国得以推广。2003年，美国迪克森·德斯帕米尔教授提出"垂直农场"概念。2008年，在都柏林的被动式和低能耗建筑会议上，蒂芙尼·贝雷斯发表了题为"城市种植中的建筑类型"的演讲，作为农业生产的建筑类型理论越来越成熟。当前有许多设计案例从各个角度探索"垂直农业"的概念。

例如，比利时建筑师文森特·卡尔博特设计了"蜻蜓垂直农场"方

　　建筑形态设计调节自然采光。过强的光照辐射造成建筑室内温度过高，造成空调耗能浪费；不良的光照条件也会让室内采光不足，需要大量的室内采光照明进行补充，长期缺乏自然采光的空间会引发人的情绪低落。建筑表皮设计仅仅是影响自然采光很小的设计措施。建筑形态与光照的关系直接影响着室内室外的光照环境状况。在计算机辅助设计中，现在多采用光照分析软件来分析外部环境的光照状况，确定建筑的放置位置和朝向；更有设计师采用拓扑变形的方式，在对外界的光热、风能等大数据进行分析的基础上，将建筑的几何形态进行拉伸或挤压变形，在拓扑方案中选择利用光热和风能最佳的建筑形态。

　　SOM设计的卡塔尔石油综合体场地位于有着强烈辐射热的沙漠地区，为了给园区提供最大限度的遮阳，设计师采用场地光照分析软件进行设计推敲，经过反复测算，综合体的建筑形体被设计成"叶片"形，"叶片"沿南北方向拉伸，用于尽量遮挡场地东西向的强烈阳光。各个叶片的尺度、角度、形状和叶片之间的距离、组合布局方式，都经过精心的光照模拟计算，形成了以建筑布局和建筑形态为主的遮阳系统（图3.32）。

英国诺曼·福斯特事务所设计的伦敦市政厅的建筑形体设计也经过光照分析的精细推敲，建筑形体是一个上小下大的锥形不规则球体。这个异形球状建筑沿着光照角度向南倾斜，北立面朝向滨河步道景观带，使得北侧滨水步道得到最大化的阳光照射，避免了建筑的遮挡，而南侧的建筑入口由于建筑下倾，形成了良好的遮阳效果，锥状曲线形的

图3.32　SOM　卡塔尔石油综合体

图3.33 诺曼·福斯特 伦敦市政厅

建筑形态也使建筑顶面受到最小化的阳光直射。精心的形态设计使得建筑能得到最均匀的光辐射热，体现了环境友好的设计原则（图3.33）。

除了建筑的空间布局会影响景观空间的光照环境，建筑也会对周边的风环境产生很大影响，特别是高层建筑对于周边风环境的影响非常大。因此在建筑设计中，要分析建筑对室外风环境的不利影响，结合计算机模拟，从建筑布局和建筑形态上，提出设计优化策略。

建筑形态的有效设计可以引导风向和风的流速。例如，上海中心大厦的形体设计充分考虑了对风环境的影响。上海中心大厦的基地选址和金茂大厦、环球金融中心相毗邻，经过研究三者空间关系会形成较大的风压。经过风洞实验和多方案比较研究，得出优化方案是将上海中心的主体部位进行扭转，以此减少三栋摩天大楼之间的风阻影响，并有效化解了24%的风荷载，改善了三者之间的风环境。

福斯特设计的瑞士再保险银行大厦形体像个子弹头，在这个"子弹头"的外部有六个螺旋上升的凹槽，形成气压差，引导风螺旋上升，形成了良好的建筑自然通风环境。完善的生态设计使该建筑每年减少40%

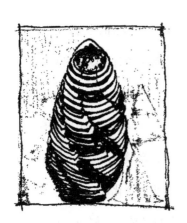

图3.34 福斯特 瑞士再保险公司大厦气流分析

的空调使用量（图3.34）。

英国未来系统Future System设计公司在伦敦设计的多功能ZED大楼，其形态充分考虑风对建筑的影响和风能利用。这栋建筑平面如两个相背的豌豆形，形体从下往上逐渐上升，外凸内凹的曲线形体使高层建筑边界风速减弱，减少了建筑后部的风影区和风的转角效应；同时建筑形体中间设计成巨大的空洞，安装涡轮风机用于风力发电，空洞的尺寸

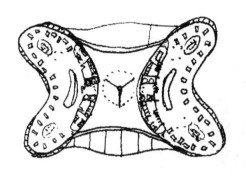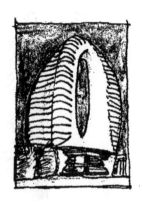

图3.35 未来系统 多功能 ZED 大楼

大小和建筑空洞边缘的曲率设计，都致力于增强这个位置的风速，以便有效利用风能（图3.35）。

美国SOM建筑事务所设计的中国广州 Pearl River 大厦形态神似三节手指，这个建筑形态是由东西窄南北宽的矩形建筑演变而来的。建筑迎着南面的盛行风，建筑迎风面会受到风荷载的影响，高度越高风速越快，因此建筑被设计成有利于引导与疏散风的形态，南立面中部被设计

图 3.36　SOM　Pearl River 大厦

成两个向内凹进的通风层，建筑的曲率和形态让风最大化地通过通风层，驱动设置在此处的风涡轮发电机，将风荷载转化为动能，将迎风的不利因素转化为有利因素（图3.36）。

3. 地景化建筑

人们对于自然有着天生的亲近和渴望之情，在自然景观占主导的区域，建筑的地景化处理使建筑在自然景观中取得了协调和融合的效果，不会显得过分突兀，破坏自然景观的一体性。在城市中，随着建筑在城市中的密度越来越高，城市中有限的自然景观用地就显得越来越弥足珍贵，人们期望在高密度的建筑中依旧保持甚至增加景观公园，兼有景观与建筑功能的地景化建筑在对用地资源进行复合化、高效利用的同时，保持宜人的景观绿地，满足人们回归自然的愿望。因此地景建筑是一个很好的选择。

地景化建筑把建筑和大地形态视作统一的整体，将场地典型地形地貌特征作为建筑形态设计的原型和素材。如建筑形态设计模仿自然地形地貌，建筑外表皮延续场地地表的植被和肌理；在建筑标高和空间设计上，通过塑造人工地形的方式，将建筑融入景观地形，使其成为景观的一部分。地景建筑保持和彰显自然场地好的一面，同时丰富了场地功能，弥补了场地缺陷，重塑了场地形态。

　　FOX在日本设计建造的横滨国际轮渡中心位于风景优美的港口，设计师希望轮渡中心既有效发挥交通功能，也能成为海港边优美的景观公园，因此在设计中，设计师注重处理好公园与港口的关系，塑造可供市民使用的公共空间，同时对往来客流进行交通梳理。客运码头的设计运用地形学理论来解决建筑和地面的关系问题，将建筑形态重构为仿若地形式的折叠、连续的表皮系统，就像在大地上切割出若干切口，然后对切口表面进行拓扑弯曲，并将不同标高的水平面"粘接"联系在一起。拓扑设计使得建筑在各个层高之间、室内室外之间连续平滑过渡，使建筑从外部看起来与周围地形完美地融合在一起，建筑的体量感和立面消失了，它的屋顶成了城市的公共开放空间，让使用者可以没有突兀感地从室外到室内、从建筑到城市空间无障碍地"流动"，实现了城市开放空间与码头空间以及建筑内外空间的无缝衔接（图3.37）。

图3.37　FOX　日本横滨国际轮渡中心

地景化建筑在模拟自然地形地貌的过程中，重塑了场地，使人的活动不仅停留在室内或建筑外场地，还能在人工的"山坡"上漫步，在"山峦"间穿行。

伊东丰雄在福港人工岛中央公园的设计中建筑了模拟地形起伏的

连绵"山丘",建筑的屋顶是可供行走的全绿化屋面,屋面上的人行道

随建筑形体起伏延伸,联系建筑屋面与建筑室内,让人在山丘般的人工

地景中自由徜徉(图3.38)。

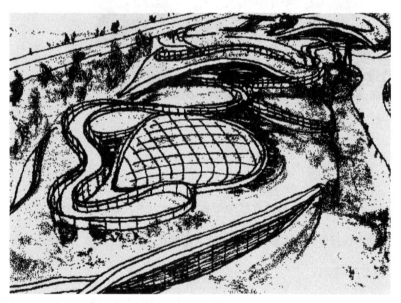

图3.38 伊东丰雄 福港人工岛中央公园

　　城市中心区给人的印象是高楼林立，到处是"钢筋混凝土森林"，绿地稀少。人们离不开城市的便利，又渴望亲近自然，于是许多建筑师提出仿照自然山体设计高层建筑群，形成立体绿化与高层建筑的完美结合，创造"山峦式"建筑。

　　例如建筑师马岩松的"山水城市"构想，将人口高密度聚集的大厦视作"山"，将自然山体的空间体验引入高密度建筑群设计，创造具有山野自然情趣的空间体验。马岩松说："山水城市是一个现代城市，也是一个高密度的城市，但是我们更多地关注环境。我们带来瀑布、带来很多植物和花园，我们将建筑视作一个景观来对待。山水，字面上可以理解为山体和水体，在中国传统文化中，有许多画作是关于山水的，但是我们现在谈论的是山水城市。""山水城市这个想法正是尝试着将传统的价值观和生活方式带到现代的高楼大厦中。"① （图3.39）

---

　　① http://www.360doc.com. 威尼斯独家访谈：马岩松与山水城市，2014.

图3.39 马岩松 "山水城市"

4.人工自然

技术的发展能使人工构筑物模拟自然形态，创造"人工自然"，使几何化的人造物越来越向自然物靠拢，使两者得到更紧密的融合。

传统建筑学用欧几里得几何学来塑造纯粹的建筑几何形体，但实际上自然界中像欧几里得几何学所推崇的完美几何形体十分稀少，大量存在的是不规则形体和曲面有机形体。这时候，我们就要引入分形几何学，分形几何学可以用来描述自然界中有秩序的复杂形体，在欧几里得秩序和绝对无序（混沌）之间就是"分形秩序地带"，分形几何学可以使自然形态近似再现，可以利用分形几何数学模型来描述自然界的液体和气体，如水和云朵，自然的不规则形态，如树叶、波浪、海岸线等形态以及生物的结构，如雪花、簇、群集等，这为建筑界提供了新的建筑形态设计手段。

凭借分形几何学，设计师将自然物的形态引入城市和建筑设计中，他们利用计算机和分形几何以网格模式来构筑复杂的形体，形成了仿自然的复杂形式建筑，甚至是无形式建筑。例如，ACTAR事务所的文森特·盖拉特利用分形几何学阅读自然地形地貌，重塑地域，将城市大型建筑视作山体来进行设计，提出"人工自然和自然人工"，提出树可能是人造的，山体是能居住的，自然可以由城市与自然结合组成，两者可以紧密相连。

文森特·盖拉特2002年设计了维纳罗兹码头项目，这一项目力图将建筑与自然景观融为一体。场地位于西班牙的一处水上运动胜地，盖拉特将这个码头构建成一个多元的、不规则的"海岸线"。盖拉特先用六边形模数找出海岸线的大体轮廓，然后运用分形几何技术，建立小尺度的更精确的海岸线轮廓，六边形的网格系统层层推导下去，得到在建筑、景观、地形地貌上都高度统一的方案（图3.40）。

盖拉特在Denia城堡公园的山体地景建筑设计中，对当地的山石形体进行了几何参数化研究，并对山石组合成山体的规律进行了深入的分析，建立了参数化模型，在建筑形态设计中运用这些计算机模型，模拟出山体的典型特征，设计出拟自然的山体地景建筑。

设计师展望未来的城市发展，提出在未来"从外空看我们这个星球，天然的自然已经不复存在，一切都是人工。农业正在工业化，景观正在都市化，自然能被人重构。世界成为一个可以居住的环境，成为千座地理之城"[1]。

---

① 李建军. 从先锋派到先锋文化 —— 美学批判语境中的当代西方先锋主义建筑[M]. 南京：东南大学出版社，2010.

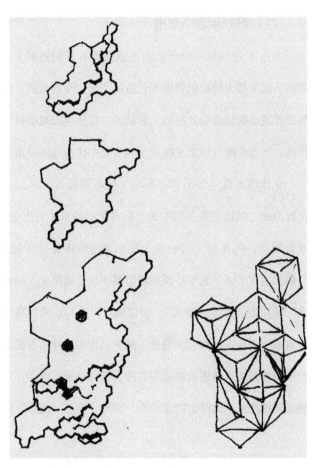

图 3.40　盖拉特　维纳罗兹码头项目

（四）建筑形体融入城市

工业革命以来，城市化的迅速发展和扩张造成了许多负面影响，例如，城市摊大饼似的野蛮生长造成了诸如交通拥挤、热岛效应、环境污染等城市病以及农业用地大量减少、自然生态被破坏等一系列矛盾和挑战，因而许多有识之士提出了城市集中化的立体城市构想。

立体城市最早源于1945年勒·柯布西耶为应对二战后房屋紧张状况提出的"城市必须是集中的，只有集中城市才有生命力"[①] 的理念。联合国在1996年的人居会议上指出紧凑城市是低碳城市的未来方向，提倡原来在平面上无序扩展的城市集中化、密集化，城市发展"摊大饼式"转变为"三维立体式"，倡议城市人口和建筑的高度集中，能更有效地减少土地占用和能源浪费，减少城市对地球生态的影响，将被解放出来的空间和土地还给农业和自然，节约耕地，保存宝贵的自然资源和动植物栖息地，保持生物多样性，突出"生态、健康"的理念。

---

① 【瑞士】W.博奥席耶，O.斯通诺霍编著.勒·柯布西耶全集[M].牛燕芳，程超，译.北京：中国建筑工业出版社，2005.

在高密度的城市中，建设基地坐落在复杂的城市环境中，建筑设计遇到了以往在人群分散情况下所没有经历过的新问题，例如城市密度越来越高，新建建筑很少能在一个完全空白的基地上建设，如何处理与现有城市的关系，成为建筑设计需要认真考虑的问题。城市中的建筑从力图彰显自己转变为越发重视与城市环境的关系。

1.尊重城市隐身环境

当城市空间有深厚的历史人文积淀，或者拟建建筑场地周围存留有许多历史建筑和遗迹时，新建的建筑物应该力求与历史文脉呼应，和基地环境融合。

（1）分解体量，融入环境

新建的建筑物一般体量庞大，如何和周围的小体量传统建筑协调，不产生威压之感，弱化冲突呢？

莫尼奥设计的斯德哥尔摩现代美术馆新馆力求与环境融合，这个美术馆坐落在斯凯普修门岛，这个地区的传统建筑尺度很亲切，与大海、树林等自然景观协调统一，斯德哥尔摩现代美术馆新馆的设计者特意将建筑分解成若干小体量部分，外墙选用当地传统建筑的赤褐色，屋顶选用灰色锌板，建筑显得十分谦逊，很好地融入了当地的环境。

将建筑物分解体量，做成与当地传统建筑相仿的式样是很常见的，那么要具有个性，同时又不对传统街道产生压迫感，纽约新艺术博物馆是一个很好的案例。

2003年妹岛和世与西泽立卫共同设计了纽约新艺术博物馆，它位于曼哈顿的一个历史街区，建筑基地夹在一排体型简单，沿街面窄小的老建筑之间，地块十分狭窄。博物馆大面积的展览空间功能需要大体量的空间，而狭小的基地只能让建筑往上拔升，可以预料的是高耸又大体量的新建筑显然会在场地中"鹤立鸡群"十分突兀，因此为了避免对周围的小建筑产生威压感和获得自然采光，建筑师把新建筑的巨大体量拆分成六个白色的"方盒子"，层层地堆叠在底层透明的玻璃门厅建筑体块上，"方盒子"外表皮覆盖着白色的铝合金金属网，显得轻盈飘浮，建筑仿佛失去了重量感，更显出其体块的简洁与纯粹。往后错叠的体块让街面上的人们看不出建筑的巨大的体量，成功地消减了巨大的体量，

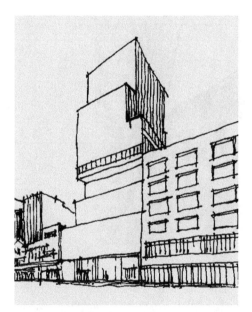

图3.41　SANAA　纽约新艺术博物馆

让建筑在尺度感上与周边的历史建筑实现了协调统一（图3.41）。

（2）运用传统材料呼应历史建筑

新建建筑物立面材料应该如何与传统建筑呼应，以求与具有深厚历史文脉的场地融合呢？大家想想自然界中的枯叶蝶，它的翅膀颜色与自然环境中落叶的颜色别无二致，达到了隐身环境的目的。建筑如果想与环境融合，表皮也可以披上环境的外衣，

图3.42 王澍 宁波历史博物馆

弱化自己的存在。因此建筑师在选择建筑表皮材料时，为了与环境取得协调一致，一般采用传统感较强的本土材料，如砖、石、混凝土等。

例如王澍设计的宁波历史博物馆（图3.42），它的建筑表皮采用了以往旧城改造拆除老房子回收的青砖灰瓦，这些材料多是明清至民国的，甚至还有汉晋时期的旧物，砌筑采用宁波当地传统的"瓦爿墙"，营造出了独特的地域文化意味；同时它还以别具江南特色的毛竹为模板，制作"竹条模板混凝土"表皮，毛竹开裂的纹理给清水混凝土平添了独特的地域印记。通过这些具有历史和自然信息的本地材料制作的建筑表皮，新建筑产生了与地域的联接，自然地融入这片土地。

（3）反射环境，披上环境的外衣

反射环境也是不错的消隐方法，大体量的新建建筑物采用"轻盈"的玻璃幕墙，将巨大的体量化解，同时，玻璃幕墙作为反射材质反射了周边历史建筑，达到了使新建筑隐身的效果。

让马尔卡·伊博斯和米尔塔·维塔特设计的法国里尔美术馆新馆扩建工程就采用了反射环境的方法来回应历史，法国里尔美术馆在历史上由两栋对称的建筑组成，其中一栋建筑在一次火灾中被烧毁。在新馆建设中，设计师没有简单地复原老建筑，或者设计一栋全新的建筑，而是在被毁的建筑原址上建造了一栋玻璃体块建筑，将法国里尔美术馆老馆的轮廓以及环境景观清晰地投映在建筑上，被烧毁的建筑似乎又通过这种方式回到了人们的视野中，和老馆珠联璧合，复原了广场的原貌。

2.将建筑空间让渡给城市

随着城市中产业集聚化、人口高密度化，城市建筑密度也越来越大，许多新建建筑物所在地块原本是自然空间和公共空间，或者周围已经有大量既有建筑和公共场所，这一基地本身就有它既有的功能或意义，新建的建筑物如何处理原有环境和既有功能的关系是现实的挑战。

法国哲学家和城市社会学家亨利·列斐伏尔（Henri Lefebvre）在20世纪六七十年代提出了"城市的权利"概念，"城市的权利是居民控制空间社会生产、参与使用和制造城市空间的权利"[①]。他的这一观点是对城市中心的土地和空间等城市资源被商业资本占领，人们的生活方式被改变，越来越边缘化，被迫迁往城市边缘区域这一现象的反思。

2005年，国际地理联合会（The International Geographical Union）出版了同名论文集，众多学者从不同角度对城市政策进行反思，认为主张"城市的权利"是对既有城市政策的批判，目前的城市规划和设计实际

---

① 李建军.从先锋派到先锋文化——美学批判语境中的当代西方先锋主义建筑[M].南京：东南大学出版社，2010.

上表达了一个未能直接说出来的实质:"城市发展优先考虑的是商业和财富的需要,而非绝大多数市民。"①

学者们因而试图站在公民的角度去争取更广泛的城市权利:"城市的权利,包含的不单是单一的权利,而是一系列权利。不仅是占有土地、公众参与城市设计和公共空间使用的权利,也可以是一种社会经济的权利,包括住房、交通和自然资源的利用等。"②

对于城市发展和建筑设计而言,将公民对于城市的权利反映在城市空间设计中,需要公民共同参与。新建建筑物尺度越来越庞大,这样的新建大体量建筑不应成为居民日常交通的障碍,对周围既有市民空间排斥和不友好,避免仅仅因表达资本权利而设计大而无当的空间,建筑要更多地在设计之初征求当地民众的意见和要求,更多地融合城市的社会功能,将空间适当地让渡给城市。设计充分考虑旧有场地、环境、居

---

① 李建军. 从先锋派到先锋文化 —— 美学批判语境中的当代西方先锋主义建筑[M]. 南京: 东南大学出版社, 2010.

② 李建军. 从先锋派到先锋文化 —— 美学批判语境中的当代西方先锋主义建筑[M]. 南京: 东南大学出版社, 2010.

民的需求，所有这些措施都是在践行城市居民的城市权利。

随着城市的高密度化和复合化，建筑设计不断尝试融合城市的社会功能和建筑功能。库哈斯认为，当代都市的高密度、大尺度和发展速度将传统视野中的正统建筑艺术远远抛在过去，传统建筑设计思想已不能应对高密度的城市发展需要，只有承认建筑以外更宏大的外部力量，积极介入城市，从更大的宏观城市视角审视建筑定位，将建筑功能与社会功能相结合，才能适应人们对于建筑的时代要求。

库哈斯在台北表演艺术中心方案的设计中，从城市规划的视角对建筑加以审视，把城市和建筑视为统一的整体，关注城市形态和城市生活之间的关系。方案拟建地块周围有繁华的夜市和丰富的市民生活，库哈斯认为，表演中心的艺术行为和这种丰富的市井生活是相得益彰的，于是他将建筑悬挑，空出建筑底面大面积的空间，作为市民的活动场所和原有的夜市联系，同时建筑一层专门设置街头表演用的即兴表演舞台，成为城市居民活动的场所。建筑将城市空间引入建筑，形成了建筑与城市景观空间的融合，营造出艺术和市民生活共融的场所体验（图

图3.43 库哈斯 台北表演艺术中心方案

3.43）。

　　NL 建筑事务所的台北表演艺术中心竞赛方案的主要特点也是将建筑与城市空间融合在一起，创造了开放性的公共建筑。该表演艺术中心形体被设计为一个大立方体，大立方体内部挖空向城市开放，在中空的三维梯形凹凸面上，办公区、媒体区、音乐区、艺术展区、餐饮区等各种丰富的功能空间高低交错分布，与城市广场融合在一起，形成了分享

图3.44　NL　台北表演艺术中心竞赛方案

图3.45　NL　台北表演艺术中心竞赛方案

性、开放性的空间场所（图3.44、图3.45）。

这两个方案都是台北表演艺术中心的方案，都不约而同地将建筑用地开放给城市共享，说明这种设计理念成为设计师的共识，最终库哈斯的方案夺得了竞赛第一名，并加以实施。

2012年法国波尔多文化中心建筑设计竞赛第一名BIG建筑事务所的方案也采用了底层开放的形式，让城市能便捷地联系建筑底部的共享广场空间。建筑设置了三个文化机构：当代艺术基金、文化代理机构和艺术表演机构，这三个机构在建筑中竖向分布。建筑将体量抬升，将底层空间让渡给城市，底部广场空间设置了室外艺术展区、室外舞台，市民可以不受大体量建筑的阻碍，从容地沿坡道穿越建筑，来到这块沿河广场空间，参与文化中心的活动，实现了建筑和城市的融合（图3.46）。

2008年上海世博会丹麦馆的底层营造了美人鱼雕塑眺望着平静海面的空间场景，同时，展馆还将丹麦市民的日常生活场景融入设计中。建筑呈螺旋形环状上升，展馆的环状路线结合了自行车道，人们可以骑自行车自下而上骑行游览建筑的内部展览空间。路径两旁陈列着丹麦的

图3.46　BIG　法国波尔多文化中心

城市略影，给人仿佛骑自行车穿行在丹麦城市街头的感觉。建筑将属于城市休闲的出行交通方式融合在设计里，充分体现了建筑是城市的缩影，城市是建筑的灵感这一理念，城市和建筑完美地融合在一起（图3.47、图3.48）。

　3.建筑融合城市基础设施

　　随着现代建筑体量越来越大，建筑密集化程度越来越高，建筑包容了大量人员的活动，人流如何迅速地从建筑中集散，需要更便捷的交

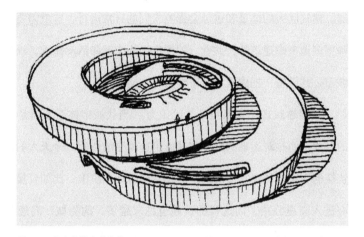

图3.47　上海世博会丹麦馆

图3.48　上海世博会丹麦馆一层

通。建筑巨大的体量和占地会影响人们的日常出行，这就需要建筑设计师更多地考虑建筑的公共性，关注市民的交通和活动需求，设计要结合城市公共设施，把建筑和城市作为一个整体设计。

美国建筑理论家斯坦·艾伦认为："当代城市体验不再是尺度放大的过程，而是对运动的尺度和速度迅速改变的体验。今天人们试图以最快捷的方式，从迷宫一般的室内移动到运动系统中；比如直接从购物中心进入高速公路，而这样的设施也越来越多，购物城、高速公路转换站、城郊电影综合体、运输交通中心、传统中心的临时市场，大量扩散的休闲娱乐等等。"[①] 属于城市的社会功能愈加与建筑功能融合在一起，建筑与城市基础设施的融合度越来越高。

Dill Sofido & Renfro 设计的宾夕法尼亚火车站在底部设计火车交通枢纽，火车站上部是层叠的商业、娱乐、交往空间，顶部是高档餐饮场所和花园等慢生活场所，让人们在享受丰富的公共生活的同时，也享有

---

① 【美】斯坦·艾伦，点＋线 —— 关于城市的图解与设计[M]，北京：中国建筑工业出版社，2007.6.

图 3.49　Dill Sofido & Renfro　宾夕法尼亚火车站

方便快捷的交通（图 3.49）。

　　BIG 建筑事务所设计的桥梁住宅与大型桥梁结合，设计师认为，桥梁所在的区域都是拥有良好景观的位置，因此他们将桥梁这种交通构筑物与住宅、零售、娱乐、停车等多种功能结合起来进行复合设计，使其成为大型多功能建筑物。

图3.50　MVRDV　布兰本特中央图书馆方案

MVRDV建筑事务所设计的布兰本特中央图书馆方案将摩天大楼与空中轨道上的快速列车相连，火车从建筑中部穿过，两者成为一体（图3.50）。

4. 空中立体城市

高密度的城市在建设中产生了一些问题，如高层建筑群容纳了高密度的人群，但城市的交通仍旧停留在地表水平面上。这暴露出一系列问题，例如人从高层到达地面后才能与城市的其他功能区域联系，交通成本很大，也给地面交通造成了更大的压力；同时，高层是一个个孤立个体，容易让人有疏离之感，人们之间交往和融合的缺乏实际上也不利于各种经济要素流通，影响了生活品质。

近年来，人们将许多其他学科领域的成果借鉴引用到城市规划与建设中，例如自然生态学发现的"热带雨林顶"生态环境。热带雨林给人的感觉是高大乔木遮天蔽日，茂密热带灌木包围环绕，地面上潮湿阴暗，毒虫蛇鼠横行。在人们偶然应用了一种探险工具——树冠网后，在热带雨林树冠上，发现离地数十米的热带雨林树冠空间是一个完全不同于地面的生态环境，这里阳光充沛、雨水充足，上千种动植物在这里生存繁衍。

如果用"热带雨林顶"生态环境来比拟城市环境的话，每一个高楼大厦都像雨林中的一棵树，城市居民或者停留在"雨林树丛"的地面上活动，或者沿着"树干""爬升"到自己居住和工作相关的那棵"大树"上活动，但每一棵"大厦之树"都是孤立的。如果也像"热带雨林顶"这样，在大厦和大厦之间搭建起联系的纽带，形成网状连接，就能构筑起类似"城市雨林顶"的繁华生态区域，形成城市上空的新型城市。

2002年由联合建筑师小组（United Architects）提交的世界贸易中心重建方案提供了一个不同于以往的高层建筑模式，五栋塔楼在244米的高度相互交汇，相互连接，形成了一个空中街道和花园，人们不需要从一个塔楼下到底部再乘坐电梯上到其他塔楼，提高了功能协同和交往效率。

2014年中营都市和英国UFO联合为深圳湾超级城市国际竞赛所设计的"云中漫步"方案呈现了一个庞大的空中都市构想。建筑师悉心组

图3.51　中营都市与英国UFO　深圳湾超级城市方案

织多样化的空间来容纳多种功能，方案包含三栋高层和若干文化建筑及公园绿地，建筑在空中相互交叠连接，建筑开放空间与空中绿地环境相交融，形成了复杂的空间系统，成为飘浮在城市上空的"云形城市"（图3.51）。

建筑在高密度的城市里交叉，与交通等公共设施相融合，很难分出单个的建筑形体；或者当建筑体量越来越大时，人们在庞大的建筑空间中穿行，"横看成岭侧成峰，远近高低各不同，不识庐山真面目，只缘身在此山中"，建筑失去了人可以把握的形体，成为人不可一览全貌的庞大不可感知之物。

第四章 >>>>

空间的流动与开放

一、建筑空间的历史演变

建筑空间是重要的建筑部分，它是建筑功能得以实现的场所。随着建筑实体的消解，建筑空间也从封闭的状态下被逐步释放出来，变得更为自由流动。

著名建筑史学家S. 吉迪恩在《空间·时间·建筑》一书中将人类的建造历史分为三个空间概念阶段：

第一个阶段，有外无内的空间阶段：穴居时代。人类只是利用建筑材料和场地，还谈不上真正的建造。公元前2500年，人类建造出了真正意义上的建筑，如埃及金字塔，但在这一时期还没出现真正意义上的内部空间设计，建筑只关注外部体量和装饰设计（图4.1）。

第二个阶段，内外分离的空间阶段。公元100年，古罗马万神庙中出现了第一个专门设计塑造的室内空间，它的空间魅力直到今天依旧给以强烈的震撼。但是万神庙的建筑外部依旧被贴上了与其内部空间不相符合的山花立面。内部空间和外部形式由于技术和观念的制约还处于

图4.1 埃及金字塔

分离的状态（图4.2、图4.3）。

第三个阶段被称作流动空间阶段，这就是20世纪初，以密斯等设计师的作品为代表的现代建筑空间阶段。空间内外交融，灵活的分隔让空间流动起来，建筑空间与建筑外部形体趋于一致，人们开始将建筑空间作为主要的设计对象，这是建筑学的一大进步。

空间不止于平面流动和简单的向上叠加。随着生产力的进步、材料技术的发展、计算机技术在建筑设计与建造领域的广泛应用，建筑空

图 4.2　罗马万神庙内
部空间

图 4.3　罗马万神庙

间界面得以脱离横平竖直的几何形限制，可以扭曲交织，空间也因此在三维方向自由连通，形成了丰富和自由的空间。当然，这个阶段还处于实验探索期，没有进入广泛的应用。

当今的空间设计更加关注人的空间体验需求，将人在空间中的运动和体验感知作为设计的主要关注对象。空间也更加灵活可变，适合多功能的需要，甚至建筑空间功能变得越来越模糊化、混杂化，适应更多空间应用场景的需求。

在信息时代，空间具有更多的新特点，例如空间界面形态智能化，智能化系统可以将人们的空间行为变化反馈给建筑，建筑空间界面能随之智能地调节形态和功能，以适应人的行为需求。

由于多学科的引入，空间更具有泛建筑的含义，多角度的空间实验为空间创新打开了无数新窗口和新视野。

二、建筑空间的新特点

建筑设计、建造的目的是为人所用，因此建筑的功能十分重要。功能主义是现代主义建筑的重要原则之一，勒·柯布西耶在《走向新建筑》一书中将建筑比拟为机器，功能主义建筑集中解决人们的居住问题，将建筑视作"居住的机器"。第二次世界大战后，需要快速建造大量房屋，功能主义建筑适应了这一需求，建筑致力于标准化和无个性特征，满足最低限度的功能需求，为多快好省地建设大量符合功能需要的建筑做出了贡献。

功能主义的提出对于摆脱传统建筑过分追求装饰和形式感有重要的历史意义，推动了建造规模化和现代化，但是随着现代主义建筑强调功能、忽视人性体验的程度越来越深，也出现了一系列问题：建筑功能分区简单化，空间只能容纳单一功能，空间相互之间缺乏联系，建筑在功能使用变化过程中灵活性差，设计十分关注建筑的功能效益和经济效益，却忽视了生活其间人的心理需求。

1977年发表的《马丘比丘宪章》对《雅典宪章》提出的功能分区的机械、简单的处理原则进行了批判。同时期,《美国大城市的生与死》的作者雅各布指出，城市的特征来自丰富的融合，功能的多样混合才能满足人们的多种需求，提供丰富的空间环境。

"形式追随功能"是现代主义建筑的另一个重要原则，但是随着社会的发展，这一原则也受到质疑。1977年，彼得·布莱克在《形式跟从惨败 —— 现代建筑何以行不通》一书中指出，文艺复兴时期的旧房子对新的功能需求也有很好的适用性，现代主义的建筑严格按照固有功能设计，反而适用性不强。

20世纪60年代，针对功能主义存在的问题，结构主义应运而生，对功能主义的基本理论提出了质疑和挑战。结构主义提出形式可以与功能分开，从而建立起用不变的体系构成可变的建筑形式的理论。

形式和功能其实并不是一一对应的，同样的形式可以容纳多种功能，同一种功能的建筑也可以呈现出多种形式。

随着经济的发展、思维的拓展、数字化技术的采用、建造方式的变革，建筑师不断探索寻求新的空间形式。空间功能关系从拒绝混乱到认识混乱的价值，从层级关系到点对点的平级关系，从有序规整到有序杂糅发生着变化。

（一）空间的多义性和模糊性

城市和建筑就像社会发展的容器，建筑不再像以往人们认为的坚实不可变，产业变化的速度越来越快，城市更迭的速度也越来越快，在迅速变化和发展的社会和城市中，建筑要能适应人们生产、生活的各种变化，具有更大的可适性。

建筑师针对这一需求提出了诸多解决策略，来回应动态的兼容性空间要求，建筑空间变得越来越多义化，功能相互渗透，产生了不确定性和模糊化的特质。

1.单一空间多功能化

在农业社会，社会变化比较缓慢，进入工业社会后，社会发展变化速度大大加快，人们不再固守在一个地方，人口流动成为常态，社会状况、家庭结构、生产生活方式等不断变化，作为相对固定的物质空间——建筑需要能满足社会发展需要，适应更多的变化。单一空间多功能化指的是在空间形态不变的情况下，空间使用不框定在一种功能上，而是根据不同情况能灵活地适应不同的使用需求，具有功能普适性。

当人们改造和利用旧建筑时，发现古典建筑的大空间和旧厂房的大空间改造利用的可能性相较分隔墙体密集的住宅更高，而定义空间越细致、越固定越难以适应用途的变化。因此，设计师提出建造纯净非定义的大空间用以适应未来更多的可能性变化。

建筑师柯布西耶基于现代建筑技术的发展成果，在1914年提出了"多米诺体系"（Domino），这是由方形的竖直截面柱、水平肋梁楼板以及竖向交通构件楼梯构成的结构体系，"多米诺体系"奠定了现代建筑发展的基本结构骨架，取代了传统的承重墙结构。人们可以摆脱密集的承重墙体的束缚，随意划分室内空间，设计出室内空间流动连通、室内外空间相互交融的建筑作品（图4.4）。

勒·柯布西耶提出的"多米诺体系"将结构部分与非结构部分区

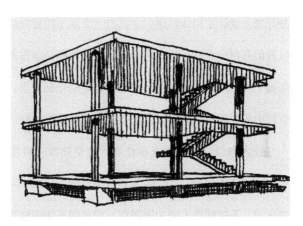

图4.4　柯布西耶　"多米诺体系"

图4.5　柯布西耶　萨伏伊别墅

分开来，设计了箱体框架，它具有上下层不需要对应的自由平面，和可以自由开窗的立面。柯布西耶的萨伏伊别墅是该思想的集中体现。在此基础上，密斯将垂直面在空间中的限定弱化到最小，强化水平楼板面在空间中的控制作用，将箱体框架设计发展成面的解构（图4.5）。

技术和设计思想的进步让现代大空间成为可能，密斯·凡·德罗提出了"全面空间"，或称为"通用空间"。密斯认为，人的需求是会变化的，不应制约人的功能需求，而要用不变的建筑形式去适应人的多种功能需要，即在一定范围内让空间具有相同或相近的性质特征，让各种功能的互换成为可能。这种纯净非定义的大空间就是空间匀质化，这种整体的大空间让人能随意地对空间进行分隔改造，以适应建筑在不同时间段不同的使用功能。

密斯设计的伊利诺理工学院克朗楼是一个典型的"全面空间"例子。建筑形体十分简洁，是一个体块单纯的玻璃长方体，内部空间十分空旷，匀质空间被设计为可供400人同时使用的大空间，空间用一人多高的木隔板分隔成绘图室、图书室、展览室和办公室等不同功能空间，并可以随着功能空间的需求变化改变隔板的分隔和组合方式，实现空间的多功能使用（图4.6）。密斯的"全面空间"理念对美国芝加哥学派影响很大，这种空间处理手法后来被广泛用于摩天大楼办公空间的设计。

图4.6　密斯　伊利诺理工学院克朗楼

　　法国巴黎蓬皮杜中心的展厅空间也是匀质空间的代表。蓬皮杜中心是法国20世纪文化艺术的集中展示场所，这一建筑将所有的柱子、楼梯及以前被遮盖起来不为人所见的管道等一律请出室外，整座大厦外表因此看上去犹如一座被管道包裹和钢架搭建起来的未完工工地或者庞大的化工厂房，完全不似传统意义上的文化建筑。与复杂的外立面相

图4.7　蓬皮杜中心

反，大楼的内部空间十分干净，每一层都是长166米、宽44.8米、高7米的巨大空间，除去一道防火隔墙外，没有内柱和其他固定墙面，当需要进行功能划分时采用临时隔断加以分隔，空间使用灵活，可适应多种展览方式的需要（图4.7）。

伊丰东雄设计，2000年竣工的仙台媒体中心由三个元素组成：板、管状柱和表皮。伊丰东雄把结构柱、能源（光、空气、水等）、信息流甚至垂直交通空间都整合到这些树干状的管状柱中，余下的空间开放而易于使用，这是柯布西耶的多米诺系统思想的一种体现。

在仙台媒体中心，伊丰东雄用13根粗细不同的管状柱"TUBE"支撑和贯穿各楼层。"TUBE"由若干细长的钢管围合而成，既是承重结构，它们内部也集聚了各种功能。有的集合了如楼梯、电梯等交通设施，成了设备井；有的"TUBE"集合了各种管道；有的"TUBE"是光庭和通风井，直通屋面，入阳光和新鲜的空气。

由于"TUBE"将这些功能整合在一起，仙台媒体中心的建筑空间形成了开放整合的大空间，可以根据功能随意安排布置，成为多适应性的功能空间。虽然建筑内部空间也是可灵活使用、灵活分隔的大空间，但不再是以往现代主义推崇的纯粹化抽象化的匀质空间，而是加入了更多生活化气息，甚至丰富杂糅的城市生活氛围。仙台媒体中心的空间因此呈现出杂糅混合、功能模糊化的特质，具有某种街道生活空间所特有的丰富性、模糊性和多义性（图4.8）。

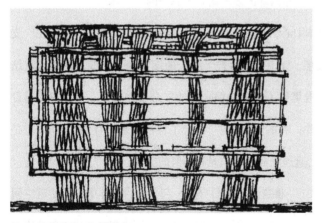

图4.8 伊丰东雄 仙台媒体中心

2. 可变空间

可变空间是指空间的围合要素如墙体、地面、顶棚等可以根据需要进行调整和改变，以适应新功能的需求。

（1）可变家具

在大空间中，灵活可变的家具能创造空间的不同使用方法，形成功能上灵活可变的空间，例如艾伦·韦克斯勒设计的板条箱之家。在空旷的空间中，设计者设计了一个可收纳厨房、床和办公桌椅的矩形体块，当人们需要某一个功能时，就从这个体块中拉出各功能区需要的家具设施，将整个空间变成一个可收可放的折叠功能空间。

（2）可变楼板

楼地面是人们接触使用的主要室内空间场所，在"长城脚下的公社"中，张智强设计的"手提箱"别墅建筑利用楼地面的暗含"机关"形成可变空间。这个创意来源于具有收纳功能的手提箱，手提箱隐含无穷的收纳功能，"手提箱"别墅的设计将各个功能紧凑地涵盖在单一形体中，内部空间随着功能的需要产生无穷的变化。这个长方形的六面体

初看上去像是个空盒子，但实际上并不如人们看到的空无一物，房间里
的各种家具、洗手间、厨房都隐藏在地板以下，需要时，就可以将地面
不同部分打开，大空间下部的各种功能空间就展现出来，最多的时候可
以打开七八个房间当卧室，翻开的地板可以当作分隔空间的垂直分隔构

图 4.9 张智强 "手提箱" 别墅

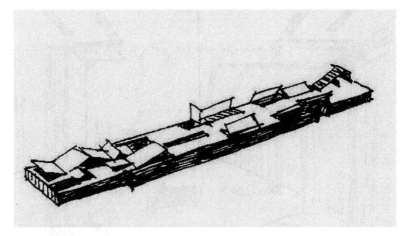

图4.10　张智强　"手提箱"别墅楼板示意

件，呈现出无穷的变化（图4.9、图4.10）。

　　可变楼板还有可联系各层的可升降楼板。荷兰建筑师库哈斯在法
国波尔多为一位残障人士设计了一所住宅，住宅将一块长3.5米、宽3
米的区域设计为在三层垂直方向可以自由升降的平台，坐着轮椅的户主
可以凭借灵活升降的平台方便地到达各层空间。当它停留在各层与其他

图4.11 张智强 "手提箱"别墅室内

空间发生联系时，这个平台空间可以扮演客厅、卧室等不同功能（图

4.12、图4.13）。

　　建筑楼层的高度对建筑的功能性质影响很大，低矮的层高可以塑

图4.12　库哈斯　波尔多住宅

图4.13　库哈斯　波尔多住宅室内

造亲切的空间，高旷的层高可以形成适合大家一起使用的公共空间。常见的楼板都是固定不变的，而蓬皮杜艺术中心出于展示不同高度艺术作品的需要，设计的建筑层高不是固定的，它的活动楼板两侧有机械装置，可以根据需要调节楼板的高度。

（3）可变场馆

为大型体育赛事兴建的场馆往往在赛事举办之后陷入低使用率的尴尬境地，因为大型赛事所需的功能空间和日常功能所需空间有很大差别，造成资金投入不菲、赛后长期闲置和巨大的资源浪费，一直让主办方十分为难。为了解决这个难题，日本札幌体育馆被设计为可变场馆。它是2002年为韩日世界杯足球赛兴建的场馆之一，在世界杯赛事中能容纳42122名观众。比赛结束后，通过座席底部的整体驱动轮和旋转驱动轮对4804个可动式旋转座席和3973个开闭式移动座席的布局方式进行调整，用来适应平时的使用需求。调整后，它可以灵活地作为足球场、棒球场、文化演出中心或者集会场所加以使用，达到了经济合理、持续运营的目的。

（4）可变垂直界面

建筑的垂直界面在人的视线中影响最大，直接影响人们对空间的观感。界定空间的垂直构件可以是墙、门、隔断、幕帘等，垂直界面的变化可以创造出多功能的空间。

现代住宅户型格局常常被简化成一套固有的模式提供给住户，如三室一厅、两室一厅等等，可这些户型并不一定符合每个家庭的需求，即便是依据住户当初需求设计的住房格局，在经过一定时间后，也可能变得不那么合适，因而提供一种设计方案，让住房从适合大众基本需求的无特色空间变成符合自己家个性的特定居住空间，并能随需求变化而调整的可适性住宅是十分有必要的。

建筑师史蒂文·霍尔在1983年开始在住宅中进行"铰接空间"的实验。"铰接空间"指的是将特定墙体设计为可移动墙体，根据居民需要，住户的隔板墙体可以进行折叠、旋转，进而产生空间变化。这样，在住户对现有套型不满意的时候，不必更换住房就可以通过推拉移动隔墙的手法轻松地变更房型（图4.14）。霍尔的构思理念来源于日本

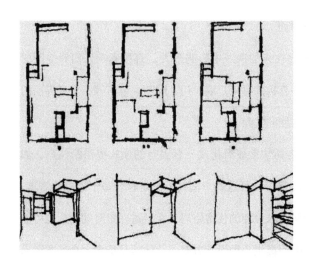

传统的推拉木隔扇，可变隔板安装在天花板和地板上，在需要的时候移动到不同位置，使得空间或开敞或封闭，发挥各种灵活功能。日本的Fukouka公寓正是这一想法的实践，这种公寓里有两种"铰接空间"，一种可在白天黑夜之间改变，白天起居室空间使用频率高，晚上卧室需要更多的空间，因而可以用铰链门进行不同时间段空间范围的分隔。还

有一种是在较长时间段里的空间变化，房间的数量和各个房间的大小根据使用需求的变化而变化，这也可以通过可变墙体加以实现。

（5）住宅建筑的支撑体和可变体

"支撑体"理论是荷兰建筑师约翰·哈布瑞肯提出的，他主张在建造过程中给使用者更多的自主权，提供给使用者改造和动态发展的可能性。具体操作上将建筑分为支撑和填充两个部分，支撑部分是永久性结构，是包括公共设施在内的房屋基本结构，这一部分由建筑师和房地产商提供建造；填充部分是组合构件，如内墙设备等，由用户购买组装，根据用户的需求形成不同的空间。

"支撑体"理论后期发展成为"开放建筑"理论。"开放建筑"指的是将有较长使用寿命的建筑部件和需要经常更新的建筑部件分开，把建筑物的建造和维护视为多个社会团体共同协作、相互作用的结果，其中"容量"是"开放建筑"的核心概念之一。动态的容量分析取代了以往静态的功能分析，以求建筑能容纳更多的变化和具有更大的适应性。

2000年深圳盈翠豪庭的设计就采用了"支撑体住宅"方案，房地产住宅开发项目在设计之初需要经过评估，例如整个小区需要多少套三室户，多少套两室户，各户型有多大的面积等，但事前计划很难估测得很准确，居民购买后在使用中也有自己的偏好和想法。

深圳盈翠豪庭确定住房购买对象是来深圳发展的港人，住房也定位为居住型、居家办公型和商务型三种港人所需户型模式，但这三种户型的比例能否满足需求是个未知数。因此东南大学鲍家声教授在设计中采用了"支撑体住宅"的方案概念。设计将住宅分为共性和个性两个方面，共性是小区中住宅的外形和每一户的外部墙体都是不可变、固定有序的，而每一户型内部是住户独特的生活场所，应当符合住户的需求，具有灵活可变性。将固定不变的共性部分设计为"支撑体"，使用寿命较长，由专业人员专门设计；可以变化的户型内部被称作"内部填充"部分，可以由住户根据自己的需求选择，也可以在未来的使用中做多次改造更新。住户在购买选择中，可以分别选择内部三种户型，也可以多套灵活拼合而成大面积的办公空间或商用空间，户型具有灵活的空间设计可能性。

3. 建筑功能的模糊化

现代主义建筑大师密斯追求均匀空间和通用空间，而后现代主义认为这种空间单调乏味，倡导复杂含混的空间和内外相互渗透的空间，以期达到丰富的空间层次和戏剧化的空间效果。

人们逐步意识到单一功能的空间对于空间的灵活使用是不利的，虽然在设计时是按照当时的功能需求设计的，但建筑所容纳的生活场景是千变万化的，精确的设计变成了有桎梏的空间设计；相比之下，具有模糊性的空间能为后期再次设计提供更多可能性，在功能转换时具有更多可适应性。

在传统建筑空间格局中，我们常常能感到轴对称或向心性特点，具有严格的空间秩序感，这是由于传统建筑设计受传统社会等级秩序思想的影响。在工业社会的现代主义建筑中，我们也能从空间单元的组织中感受到工业时代分工协作的层级秩序感和严密感。

长谷川逸子曾说："建筑似乎是一种诱发或包容的容器，提示各种潜在的可能性。"① 随着信息技术的发展，产业融合程度越来越高，单一建筑空间组织结构也从原来的类型化和自下而上的规则化变为随机化、平层化、多点联系的组织架构，从单一中心到多中心发展。建筑空间不再按照传统严格的空间序列和等级来排列和定义，而是自由关联，呈现出更多的模糊性和可能性。

2006年日本建筑师藤本壮介设计的北海道儿童精神康复中心使用了大约44个正方体来满足基本的功能需要，这些立方体的功能体块组合方式仿佛是随机自由的，"盒子"散乱放置，形成许多看似偶然的不规则外部空间。看似散乱的摆放其实经过设计师的精心设计，可以让盒子之间每一个空间角落都能被看顾到。这些"盒子"之间形成了孩子可以自由选择的多类型游戏空间，产生的空间偶然性和多视角能帮助孩子像"原始人"一样凭直觉去感受空间，保持对空间的探索兴趣，以丰富感知力，帮助儿童康复（图4.15、图4.16）。

在1999年巴黎布隆利原始艺术博物馆的竞赛方案中，MVRDV设

---

① 马卫东.从形式建筑到公共建筑——长谷川逸子访谈[J].时代建筑，2002（2）.

图4.15　藤本壮介　北海道儿童精神康复中心

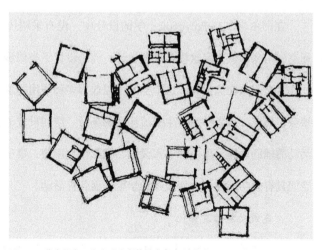

图4.16　藤本壮介　北海道儿童精神康复中心平面

计了若干各具特色的展览空间单元，将这些空间单元加以堆叠，用连廊、坡道、楼梯、自动扶梯等多种交通联系要素把这些空间单元联系起来，使参观流线突破了传统的有组织性的线性展览流线模式，方便通过不同的展览策略进行调整组合。这些展览空间之间的连接关系不存在以往常见的参观先后顺序和主次关系，人们可以根据自己的选择来组织自己的参观路径，随时更换参观路线，反映了网络社会的"链接"特征，呈现出更多的可能性和灵活度。

在阿尔米尔DePolygoon小学的设计中，没有采用传统的内走廊交通空间串联两侧教室这样常规的设计，而是设计了类似步行街的条状空间作为交通兼交流空间。这个空间可以包容多种使用场景，例如举办座谈会、展览，或者作为学生交流沟通的场所。空间设置了利于开展这些活动的辅助设施，如电源引入设施、投影仪、座椅、桌子等，使得这一空间具有多功能性，方便教师和学生开展各种活动。

4.建筑功能的复合化

库哈斯在1978年《癫狂的纽约：给曼哈顿补写的宣言》中写道，

在纽约曼哈顿这种拥挤的大都市场景中，"人们不再相信现实是一成不变，会永不消亡的存在"①。由于建筑高密度地拥挤在一起，各种功能、各种内容、各种片段聚合在一起，建筑不再是单一功能的，不同的甚至相反的内容以叠加的方式在高楼中获得各自空间。建筑要具有对都市快速变化的适应能力和包容性，建筑内外空间可能具有完全不同的性质和功能，曼哈顿糅杂、高密度、疯狂的堆砌形成了特有的大都市"拥挤文化"。

这种密集化的城市推动了城市功能复合化。随着城市密度的不断增加、人口的集中，城市不能再无限制地"摊大饼"似的蔓延开去，在城市中心地带，出现了城市功能的复合化，许多社会活动集中在一个建筑中，催生出更加丰富的设计。建筑空间从原来类型化的单一功能逐步向复合功能发展，建筑成为功能混杂体。伯纳德·屈米曾说："在火车站成为美术馆、教会成为保龄球馆的时代，形式同功能的互换性及现代

---

① 【荷】雷姆·库哈斯.癫狂的纽约：给曼哈顿补写的宣言[M].唐克扬，译.北京：生活·读书·新知三联书店，2015.

主义公认的传统因果关系破裂之事成了家常便饭。"①

信息社会也需要城市功能复合化。在信息社会中，信息是生产力的一部分，多信息、不同专业的交流渗透十分重要。以往的社会人员流动较少，城市体量较小，是熟人社会，而现在的社会实际上是陌生人社会，因此在建筑中创造交流场所，增进人们之间的交流是必要的。因而在现在的建筑中，功能混杂、交流和渗透变得越来越普遍。建筑的密度越来越高，功能复杂性、混合性越来越强，公共性也越来越高。这种功能的混合使得城市各个单元之间充满了渗透感，生活方便快捷，同时也张扬了生命活力。

荷兰建筑事务所MVRDV在访谈中曾提到，在设计中，他们关注各个单体事物的重新整合，例如他们在设计VPRO别墅时，在天井空间引入自然光，使室内和室外空间融合贯通，各层屋顶卷曲折叠形成了新的景观地貌，模糊了建筑与地景的界限，融合了别墅和办公室两种功

---

① 【日】渊上正幸.世界建筑师的思想和作品[M].覃力，等译.北京：中国建筑工业出版社，2000:68.

图4.17　MVRDV　VPRO别墅

能，模糊了别墅和办公室之间的分界（图4.17）。

MVRDV设计的阿姆斯特丹筒仓住宅也是这样的混杂功能综合体。这座建筑是一座20米进深、10层高的大型综合体，它的功能包括住宅、办公、商业和公共休闲娱乐空间，整个建筑参考了已经改造为住宅的斯泰克戴姆谷仓和它附近的由集装箱堆叠而成的随机复杂空间关系，将各功能类型融合在一栋建筑中，破除了单类型建筑的单调沉闷感。

1967年，日本建筑师原广司在《建筑，有什么可能性吗》一书中，对现代主义建筑的匀质空间观念进行了反思。他认为，匀质空间是将人的身体抽象化作为参照尺度，忽视了有血有肉的人的情感意识体验，强迫性地将复杂丰富的文化简单化、抽象化，忽略了人们之间的差异性和不同需求。在对世界各地传统聚落的长期田野观察中，原广司认识到世界文化的复杂性和差异性："世界景观正是由差异和类似性的建筑语言系统而缔结成的网络。"①

1997年落成的新京都站是原广司的作品。这幢大楼是一个28米宽、60米高、470米长的庞然大物，它融合车站、饭店、商业、停车场、文化设施等多种功能于一体，车站面积只占其总面积的1/20，整个建筑就像一个内容丰富功能各异的聚落集合，各种类型的城市功能在这个有机体中展现着自己的差异性，成为异质而丰富的杂糅空间，营造出丰富的

---

① 【日】原广司.建筑，有什么可能性吗[M].东京：学艺书林出版社，1967.

生活场景。

（二）空间的多方位渗透

1.从静态到水平方向流动

（1）古典建筑时期

古典建筑时期，墙体厚重，建筑表皮与承重构件未分离开来，墙面不能随意开窗，空间限定感较强，空间处于封闭静止状态，缺乏流动性。

古希腊时期，由于宗教仪式不在建筑内部举行，而是在神庙周围露天举行，因此古希腊神庙的内部空间不需要具备社会功能，古希腊神庙的"内殿不仅是一个围起来的空间，而且简直是一个封闭的空间"[①]。古希腊神庙着重外部设计，神庙外部满布无与伦比的浅浮雕，整座建筑简直就像一座完美的雕塑艺术品。

以万神庙为代表的古罗马建筑内部空间宏伟壮丽，空间具有对称

[①] 【意大利】布鲁诺·赛维.建筑空间论——如何品评建筑[M].张似赞，译.北京：中国建筑工业出版社，2004:49.

性，受当时建筑材料和建筑技术的制约，各相邻空间用厚重的墙体分隔，因此空间保有绝对的独立性和静止感，具有权力地位的象征性。

哥特式教堂"梦想要通过将墙面减少到功能上最低限度需要的分量，并通过创造室内空间和室外空间的连续感来取消墙壁"[①] 。基于哥特式教堂祈祷礼拜的动线特征，建筑沿着人的活动路线构成了具有方向性的空间，同时哥特式教堂在高度上有很大的拓展，用大面积的开窗、束柱和拱肋的竖向线条拉高空间，在视线上拓展空间感受，追求连续和无限的空间感，具有浪漫主义倾向。

文艺复兴时期的建筑体积感和雕塑效果较强，具有空间节奏感、对称性、稳定感和纪念性。

巴洛克式建筑处于空间解放时期，"使每一个空间形式上丧失了确定的柱体或体积的明确外观，利用光线创造了丰富的空间艺术感，是对

---

① 【意大利】布鲁诺·赛维.建筑空间论——如何品评建筑[M].张似赞，译.北京：中国建筑工业出版社，2004:71.

规则、传统、基本几何关系和稳定性的一定反叛"① 。巴洛克建筑整片墙壁呈现出波浪状起伏弯曲状态，在造型上呈现出极强的动势，在空间形式上具有相互渗透性。

总的说来，在传统建筑时期，空间都被牢牢地禁锢在建筑实体中，面对封闭厚重的建筑围合，人们如何释放空间想象呢？最为容易的方式是利用室内装饰形成的视错觉满足人们对于无限空间的想象。

伊斯兰建筑用几何纹样、斑斓的马赛克以及用内部装饰丰富空间感受，创造宏大宇宙的无尽空间感。欧洲传统王宫建筑绘制技艺高超的壁画在视觉上扩大了空间感。例如，在顶部绘制向天堂飞升的天使和天神，让空间感往上延伸，在侧面墙壁上绘制层层的廊柱、室外的风光，使得人们在视觉上感觉空间没有被墙壁所禁锢，以错觉扩大空间感。

（2）现代建筑时期

现代建筑时期出现了"四维分解法"。在传统建筑时期，建筑表皮

---

① 【意大利】布鲁诺·赛维.建筑空间论——如何品评建筑[M].张似赞，译.北京：中国建筑工业出版社，2004:98.

是建筑体量的包裹，界面与界面之间有很明显的转折，各个面相互独立，建筑通常在单个界面上开窗，因此建筑空间的围合封闭感很强。

到了现代建筑时期，承重方式从墙体承重结构体系改变为柱梁承重体系，表皮从结构体系中分离解放出来，为表皮的分解提供了条件。

"四维分解法"成了这个时期空间界面分解的重要手法。"四维分解法"是意大利建筑学家布鲁诺·塞维在其所著的《现代建筑语言》[1] 里提出的七个基本原则之一。建筑由水平构件和垂直构件组成，水平构件就是楼地面、屋面，垂直构件就是墙体和隔墙，"四维分解法"就是将包含建筑表皮在内的建筑围护构件分解成不同方向的面，用面的不同组合来重新构筑建筑的各种要素。"一旦各平面被分解成各自独立的，它们就向上或向下扩大了原有盒子的范围，突破了一向用来隔断内外空间的界限 …… "[2]

---

① 【意大利】布鲁诺·塞维.现代建筑语言[M].席云平，等译.北京：中国建筑工业出版社，1986:34.

② 【英】查尔斯·詹克斯.后现代建筑语言[M].李大夏，摘译.北京：中国建筑工业出版社，1986.

　　如同蒙德里安的抽象理论，他认为三度空间造型的概念意味着把建筑看作形的创造，因而是传统的看法，是过去时代透视法的视觉直观原则的体现，新的建筑形式将处处有视野，由多重平面构成，并且没有空间的界限。密斯·凡·德罗享有盛名的巴塞罗那世界博览会德国馆和范斯沃斯住宅就采用了这种"四维分解法"。巴塞罗那世界博览会德国

图4.18　密斯，巴塞罗那世界博览会德国馆

馆用灵活、不规则、片段化的墙体遮挡、引导，营造了一个步移景异，多视点、漫步化的流动空间。如果说传统建筑中的空间是有形有边界的，被建筑内外的三维界面所包裹分隔，巴塞罗那世界博览会德国馆的空间则是将原来严密包裹空间的界面拆分成多重二维隔断，打破了空间的完整、稳定感，人在空间中行走能感知多个空间，感到空间是流动和无限的（图4.18）。

密斯的范斯沃斯住宅将私密化的区域集中布置，其余的位置更加开放；为了与大自然尽量融合，建筑表皮采用大面积透明玻璃，在视觉上进一步隐匿内外空间的分隔，只剩下顶和底两块平行等厚纯白的板，约减成了水平向的二维平面。经过特意强化的水平要素使得建筑空间更富有延伸感，将有限的室内空间延伸到无限的自然空间，空间变得轻盈通透。

从这两个作品中，我们看到，现代建筑外部围护界面大面积地被虚化成透明的玻璃面，围合空间的界面被拆分打散，垂直界面相互交错，原本由建筑表皮方盒子状包裹形成的稳定空间变成了以水平面为主要视觉要素的流动空间，各个空间之间相互渗透，封闭感被打破了。

"四维分解法"采用垂直界面的隔断与打散的方法，使空间得以延伸和连续，让水平方向的空间流动起来，但是在垂直方向，并没有打破传统建筑"层"的概念。

2. 层之间的渗透

在建筑的空间围合界面中，垂直界面和顶棚水平面是易于打开分解的，而人们行走的楼地面，就是建筑空间作为层与层之间的空间分隔要素不易变动，而如今也有逐步消解，促进上下层空间融合的趋势。

（1）垂直空间渗透

工业社会需要人们集中化办公、集中化生产，一切为经济服务，人口高密度地集聚，工业化多快好省的装配式建设，促使建筑通过相似的平面不断地向上叠加，形成平面重复竖向延伸的建筑模式。这种建筑形式提高了空间使用效率，在经济上是十分有利的，但在空间上是单调乏味的。

为了突破各层封闭的空间感受，设计师通过创造贯穿两层或多层的中庭空间或巨大的共享空间，形成垂直方向上各层之间的渗透，创造出丰富的空间感受。

例如，S-M. A. O设计的圣·费尔南多·德·赫纳雷斯市政厅及市民中心要求沿着历史遗迹墙而建，并将这个空间作为新建筑主要的开放式公共空间。设计师因此沿着这个遗迹墙设计了一条三层高的公共走道，根据不同的功能和空间需求，各层与这个中央公共走道渗透贯穿，形成了垂直和水平方向上丰富的空间联系。

（2）斜面的设计

自然界中有大量各种角度的斜坡，天然水平的地面并不多见。在建筑中，出于使用方便的需要，楼地面始终被设计成水平面，这一直影响着建筑空间的形式与建造方式。水平楼板造成层与层之间的不连续，各层之间用垂直交通设施如楼梯、电梯和坡道联系。那么，建筑楼地面一定要设计成水平面吗？设计师做出了尝试和解答。在很多功能空间中斜面更好利用，如阶梯教室、观演空间，在展览空间的设计中，设计师也一直试图用斜面创造连续不间断的参观体验。

图4.19　赖特　古根海姆博物馆

　　例如赖特设计的古根海姆博物馆，采用一条螺旋上升式的斜坡作为展览路径，力图创造连续的参观体验，但由于斜坡利于流动，却不适合驻足观赏展品，墙上的展品与斜面的参观路线产生一种不水平不稳定的观展体验，古根海姆博物馆最终没有作为展陈艺术作品使用（图4.19）。

图 4.20　UN Studio　奔驰博物馆

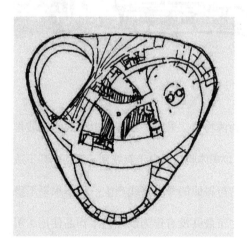

图 4.21　奔驰博物馆平面

　　UN Studio设计的奔驰博物馆作为展览馆，期望营造出动感流畅的观赏体验，因此它采用了斜面作为参观路径，所不同的是，它采用两条螺旋形坡道作为参观路径，三个近似圆形的展区平台围绕类似三角形的中厅旋转而下，使得博物馆既有流畅的斜面参观路径又拥有平坦宽阔的展陈平台，空间流畅，气蕴贯通（图4.20、图4.21）。

　　法国哲学家保罗·维希留与建筑师克劳德·巴宏发展了"倾斜平面"理论，提出呈角度的平面能将可居住表面和连续空间流线融为一体，形成建筑的第三种空间①。

　　例如库哈斯设计的巴黎朱苏大学图书馆，突破了常见的水平楼层封闭概念，用一条围绕建筑中心旋转而上的倾斜楼板贯穿建筑各层空间，在这个倾斜的楼板中设计了类似街道漫步的休闲功能区，设置了咖啡馆、商店、台阶、绿化设施，以及可供人们交往的小型广场等。倾斜的楼板使得室内空间室外化，高达7米的宏大尺度让人仿佛有在城市景观中穿行的错觉，空间各层方向上的封闭感被打破，各使用功能部分相

　　① 高天.当代建筑中折叠的发生与发展[D].同济大学硕士论文，2007:21-23.

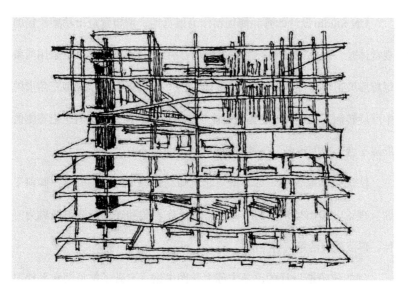

图4.22　库哈斯　巴黎朱苏大学图书馆

互混杂，激发出新的使用方式，丰富了空间感受（图4.22）。

3. 多向度渗透空间

"抛弃直角而沿着曲斜的壁板能获得更加丰富多彩的空间。"① 布鲁

---

① 刘涤宇. 表皮作为方法 —— 从四维分解到四维连续[J]. 建筑师，2004（4）.

诺·塞维指出，巴塞罗那世界博览会德国馆的面与面之间还保持着互为直角的关系，他认为这远远不够，这只是"四维分解法"的一个开始。

其后，随着后现代主义对现代主义建筑的反思，各种探索层出不穷。例如里伯斯金在丹佛艺术博物馆的设计中，不被传统的矩形空间所束缚，通过三角形空间的组合，采用穿插、切割、重叠等解构主义手法，形成了具有动态感的复杂建筑空间（图4.23、图4.24）。

在信息社会，现代科技的发展带来几何学进步，拓扑几何学依靠计算机的支持在建筑设计中进行了广泛的探索和应用。建筑空间围合界面可以做到不再是横平竖直的，而呈现出各部分塑性连接的特征，上下左右的空间可以做到平滑过渡，这也被称作"四维连续"。

运用拓扑几何学，建筑实体部分按照褶皱设计手法，地面可以弯曲延伸为墙体，墙体可以延伸弯折为屋面，建筑各部分原来不连续的标高可以连续塑性地连接起来，空间也随之像流体一样从内到外，在各个标高之间自由地连通。

伊东丰雄设计的比利时根特歌剧院就利用了拓扑方式进行空间设

图 4.23　里伯斯金　丹佛艺术博物馆

图 4.24　里伯斯金　丹佛艺术博物馆室内

图4.25　伊东丰雄　比利时根特歌剧院

计，对空间界面进行连续的弯曲延展变形，形成类似自然界有机体的多孔体系。在这个建筑中，歌剧院音响表演观赏场所和都市空间场所两套空间体系相互交织，互为限定（图4.25）。拓扑多孔体建筑是建筑设计师不懈追求空间形态的产物，展现了空间多向度渗透的可能性。

4.建筑内外的多维渗透

（1）内外界面的模糊

在西方传统建筑中内外空间是泾渭分明的，随着建筑界面的透明化，建筑内外空间的分隔越来越模糊了，同时，空间界面的打破，产生内外空间的渗透，让内外空间不再被一层建筑外表皮所分隔。

例如史蒂文·霍尔在纽约曼哈顿改造的"艺术与建筑学"店面，尝试了建筑界面的内外两可的形式，使开放和关闭两种立面形式呈现模糊状态。这个店面在关闭时，立面呈现为一块完整的墙面；开放时，这个墙面具有变魔术般的翻转效果。这个店面建筑立面上设置有大块儿配有铰链的橱窗板，有些可以向外纵向将整个大块橱窗板推转开来，有一些可以像中悬窗般，从立面墙的一部分翻转为水平搁板，这种链合立面板的使用使得展品能从内部转换到外部展示，窗、墙、门、展示家具等在这里合为一体，建筑模糊了内外空间的界限，建筑立面呈现出灵活动态的形象。

藤本壮介设计的House N住宅也是对内外空间边界模糊化的尝试。

House N是由三层从大到小相套的"方盒子"罩起来的空间，相套盒子之间的缝隙形成了若干个"之间"的空间状态，每层盒子的界面上都开有大大小小的方形窗洞，窗洞相互交错，让人在空间中行走时看到丰富的空间"透"与"非透"的变化，整个空间充满了若干梯级从室内到室外的"灰度"。室内、半室内、半室外、室外在空间的模糊界定中消解了其原有的定义（图4.26）。

图4.26　藤本壮介　House N

（2）内外的自然流动

拓扑学研究几何图形在连续变形下保持不变的性质。该学科在建筑学中的引入给建筑内外空间的渗透和连续提供了更多可能性，建筑与外部环境融为一体，将室外地层拓扑变形与建筑相结合，让人们流畅地从室外空间进入室内空间，室内外空间自然过渡。

日本建筑师远藤秀平提出，在现代主义建筑中，梁、柱、墙体、屋顶全都是分离的，这制约了现代主义建筑设计。因此，远藤秀平提出用连续的条带变形方法设计墙体、屋面和地面，从而形成连续界面建筑，这一建筑形式实验拓宽了建筑形式的范围（图4.27、图4.28）。

横滨国际渡轮中心的设计就采用了拓扑手法。该项目在设计之初对轮渡中心的往来客流进行了细致的研究和分析，使得人群能自然地从室内空间流动到室外地坪。在这个案例的设计中，看不到传统建筑设计中作为最主要装饰面的建筑立面，设计效果就像原有场地经过切割、弯曲，并在不同高度层次再次黏结起来的场地重构，形成了拓扑变化的连续折叠表面。

图4.27 远藤秀平 "半构"

图4.28 远藤秀平 "弹性筑"

（3）内外的表皮连续

莫比乌斯带是一种拓扑学结构，简单来说，将一根纸带两端扭转180度，然后黏结起来就形成了一个莫比乌斯带。整个带子是一个无限连续的面，假设带子上有一只蚂蚁，它可以在环形带上往复地从内到外、从外到内行走，不用越过带子的边缘就可以到达带上的任何一点（图4.29）。

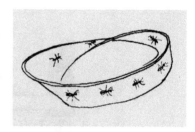

图4.29　莫比乌斯带

Fox设计的虚拟住宅方案就采用了莫比乌斯带的设计概念。这个实验性住宅将建筑卷曲做成莫比乌斯带式的表皮式建筑，建筑表皮不再是建筑内与外的分界，表达出空间内与外的模糊和不确定性等含义。

图4.30　莫比乌斯住宅动线

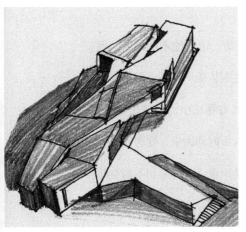

图 4.31　UN Studio，莫比乌斯住宅

　　荷兰建筑团队 UN Studio 1993 年在阿姆斯特丹设计了一栋名为莫比乌斯住宅的小别墅，这栋别墅的业主是一对年轻夫妇，他们都是在家工作的 SOHO 一族，在别墅空间设计中，他们希望拥有两套各自独立的工作室，同时又希望享有共同的家庭时光，以保持既独立又分享的生活方式。基于业主的要求，UN Studio 设计出像莫比乌斯带般连续流动的环形空间，这个连续空间贯穿家庭生活、社会交际、工作空间、个人私密空间等功能区域，人在空间中的行走路径各自独立，运行轨迹在两个楼梯处被扭转，形成循环路径，两者在路径的交织处汇集，交汇处成为共享的家庭生活空间（图 4.30、图 4.31）。

（三）空间的运动和时间

时间常被认为是独立于人之外的客观之物，恒常地不断流逝，但建筑空间和时间的感知是人作为经验主体的主观体验。人在空间中，对于空间的感受不光有环顾四周的"静观"，也有移动中的"动观"。运动中游历空间的过程就是在三维的空间中加入了时间因素，变为四维空间体验。沿空间流线行走，对于人的主观感受来说，会体验到不同空间的明或暗，冷或暖，闹或静，视野或开敞或封闭，在空间中体验到的时间也随之延长或缩短，这样综合性的感受叠加交织，塑造了建筑空间的时空感。

1.纪念空间与永恒时间体验

在古典建筑空间中，我们常常体验到具有纪念性的永恒之美，这是宗教神权和王权的崇拜性主题所要求的，这样的空间往往都是静态的，让人静静地去体验与感受。例如罗马万神庙是古罗马建筑的代表作，它是由直径43.3米的半球形穹顶覆盖的空间，为集中式构图的单一空间，顶部由方格形的凹格层层拱卫形成富有生命力的穹顶，穹顶正中央有一个圆形采光孔，光线由顶部流泻而下，在万神庙的巨大空间里落下随日移动的光华。人们能在这个空间中感受到神圣和庄严的气氛，领会到永恒与静止的时间。

当代建筑的精神诉求由纪念性转换为更多的人性化表达，空间的设计手法也呈现出更丰富的可能性。

2.模糊的空间与时间的丰富感

空间的分隔一方面是空间内部的分隔，另一方面也指室内空间与室外空间的关系。在传统建筑中，墙承式结构要求建筑有密集的内部隔墙，当柱梁框架式结构出现后，空间的分隔更为自由了，空间分隔的程度、怎样分隔，很多时候取决于设计者的设计构思。

在现代建筑均匀阵列的柱网和完全相似的空间格局中，视觉感觉容易疲惫，产生麻木感，由于大空间的关系，空间中的光线大部分由室内照明补充，无变化的人工照明更增强了空间的空漠无生机体验。在这样的空间中，时间感是枯燥的，如机械钟表般沙沙流动，无任何情感性。后现代主义对现代主义建筑展开抨击的理由之一便是将人视作机械化大生产的一个部件，忽视人的心理感受，生产和办公空间只满足最基本的功能化需求，只关注工作效率，缺乏对人性的关怀。

2004年妹岛和世设计了瑞士洛桑联邦理工学院劳力士学习中心，设计师把它设计成像公园一样可以从多通道进入的建筑物，室内地面如同自然地形的起伏，给人以室外的感受。建筑中设计了多个洒满阳光的光庭，建筑表皮通透，室外景观通过360度透明开放的玻璃幕墙融入建筑中。模糊的空间功能、没有中心的设计，让人们在建筑中穿行时，感觉不到严格的等级次序，各个空间可以平等地自由选择使用，这些空间设计使参观者在建筑中拥有丰富的视角和行走路径，能时刻感受周围的人和事。空间的模糊性便于使用者主动和创造性地使用空间，各种活动、各种事件在建筑中交织，符合校方对这一建筑作为多元文化交流载体的期望。建筑中丰富的自然光影，充满了偶然性和随机感的功能使用方式，让空间充满了生机和活力，人们行走其中体验到的时间感也充满了丰富的含义（图4.32、图4.33）。

图 4.32 妹岛和世 瑞士洛桑联邦理工学院

图 4.33 瑞士洛桑联邦理工学院室内

3.流线设计与空间的叙事性

著名建筑师斯特林认为,"建筑形体的设计要服从流线系统的创造,流线是建筑中最具动感和设计驱动力的元素"①。在好的建筑物中,"每一个景象对于其他所有的一切景象都应有一定的关系,都应把观者置身于一种明确的序列之中。建筑的成功依靠的是各个印象的正确序列。在优秀的建筑中,结构的序列、功能的序列和审美序列都应该是紧凑的、有机的"②。

流线设计就是动线设计,实际就是在建筑三维空间之外加入时间这个四维要素,通过研究人在使用空间中的行为方式,进行行动路径设计。

人在空间中的行走运动轨迹影响人对于空间场景的认知体验,在传统建筑中,王宫和宗教建筑是建筑艺术集中展现的场所,在路径设计中,常常突出一条主要中轴线,着力表现建筑的宏伟壮丽。

① 刘晓峰.詹姆斯·斯特林 —— 世界顶级建筑大师[M].北京:中国三峡出版社,2006.
② 周湘津编著.建筑设计竞赛全景[M].天津:天津大学出版社,2001:164.

现代主义建筑的流线设计主要由功能使用要求主导，流线设计比较自由、灵活，注重功能关联。

当代建筑体量规模越来越大，有时一座建筑可以视作一个小型城市社区，建筑中容纳了街道、广场、景观公园式的公共空间，人们可以在这样的大型建筑中漫游，这要求设计师更要注重流线的设计，注重人在运动中的心理体验。

在设计中，交通空间不再是内廊、外廊的单一路径线性功能空间，而被加入了各种体验性空间设计；功能空间也不再像以往注重计算几个人使用、按面积指标分配一个功能性的方盒子空间，而更多地加入对人们心理体验的考虑。

在现代建筑中，人们需要在空间场景中得到一定的情感共鸣和文化链接，但是毫无疑问，传统建筑中具有仪式感、纪念性的空间序列安排，不能挪用到现代生活中，而要研究现代建筑空间场所特定的情感需求，进行专门化的设计。

从20世纪后期开始，建筑界从跨学科角度引入了许多其他学科的理论，开拓了设计创作思路，其中，叙事在建筑创作中的应用丰富了建筑空间序列设计，让建筑这种时空艺术给人以多样化的情景体验。

叙事是一种文学体裁，它将故事题材按照时空顺序巧妙地编排整合在一起，让读者得到作者预想的欣赏体验。而在建筑创作中因借运用叙事手法，简单来说就是用建筑空间语言讲故事，在建筑空间序列中，再现历史性情节、片段化场景、情景化要素等叙事载体，让参观者在行进过程中认读、领会这些视觉语言或者互动性场景的含义和信息，形成情感认同和审美体验。

20世纪80年代初，在AA（英国建筑联盟学院）任教的伯纳德·屈米和尼格尔·库特斯将叙事在建筑与文学、电影、表演空间之间的跨学科探索实践作为研究对象，积极拓展叙事在建筑创作中的应用。

建筑师伯纳德·屈米在设计中关注空间、运动和事件，认为建筑由空间、事件和活动组成，"建筑不再只是从前的功能和形态的建筑，而是只有在建筑的周围和内部唤起事件的计划，才成其为建筑，应该放弃功能和形态"① 。他将建筑视作异质不相容碎片的组合,将不同类型的空间融合在一起,用非顺序的电影剪辑技术来编辑支离破碎的空间叙事,用以激发各种场景的空间事件。

柏林犹太人博物馆就是一个叙事性空间,设计师丹尼尔·里伯斯金曾经说过,他把这栋建筑物构想成某种文本,等待人们去阅读、去体验。柏林犹太人博物馆为纪念德国柏林犹太人在二战期间的悲惨遭遇而建,建筑墙面上的斜向窗洞仿佛是犹太人身体和心灵上的累累伤痕,博物馆建筑平面是一个不规则的折线,这个形状源于对"大卫之星"的变形,"大卫之星"是纳粹强迫犹太人标明身份的标志,承载了犹太人的屈辱。

参观柏林犹太人博物馆建筑须从旁边巴洛克风格的柏林博物馆进入,暗示着柏林犹太人和柏林牵扯不断的联系。从地下通道进入博物馆,面前是三条线路,分别是"毁灭之轴"、"流亡之轴"和"延续之轴"。

"毁灭之轴"这条线路直通到建筑外部,尽端是一个高高的大屠杀

① 【瑞士】伯纳德·屈米.空间与事件[M].余莉,译.北京:北京大学出版社,2008.

塔，进入大屠杀塔，沉重的铁门在背后重重地关上，塔内空间高耸幽暗，仅仅在顶部极高处有微弱的侧光渗入，在墙壁上几米高处是悬在半空的梯子，仿佛暗喻着自由可望而不可即，整个空间氛围让人绝望而无助。

第二条线路"流亡之轴"通往室外的"流亡花园"，这个花园是一个地面倾斜20度角的矩形室外场地，立有49根高高的混凝土空心立柱，其中48根立柱中填充的是柏林本地的泥土，数字48象征着以色列1948年立国，还有第49根填充的是耶路撒冷的泥土，立柱里面种植着橄榄树。林立的混凝土立柱之间，窄窄的通道只容一人通过，在通道之中，倾斜的地面仿佛不容许人有片刻安稳停歇，望向天空，橄榄树枝杈在狭迫的高柱上方，向蓝天艰难地生长，倾斜的地面让人脚下不稳使人跌跌撞撞，茫然地在混凝土迷宫中艰难前行。这种行进方式让参观者体验到流亡在外的犹太人颠沛流离的困难处境。

"毁灭之轴"和"流亡之轴"这两条流线都是尽端路，另外第三条流线是通往主展馆的"延续之轴"，在空间路径设计上楼梯高陡而长狭，周围的窗户倾斜尖锐如利剑，高狭的空间上部，巨型的横梁斜错交搭，喻示着重建之路的艰辛。路径旁有5个只能看不能进入的虚空之地，仿佛人心中的巨大空洞，幽深迷茫如梦魇。这条路径旁有一个能进入的名叫"记忆"的空间，这是一个高耸狭长的混凝土空间，地面上陈列着名为"秋之落叶"的装置作品，一个个切挖出绝望呼喊的脸的铁质圆盘铺满地面，观者从上面踩踏经过，脚下铁质圆盘相互碰撞，发出苍凉凄怆的声音，在空间中久久回荡，仿佛是犹太人的灵魂在绝望呻吟。这条路引人通往主展览空间，展馆里陈列有二战时期柏林犹太人悲惨遭遇的各种文字或影像资料，让人直面那段不堪回首的历史。最后空间设计上没有终章，也没有结束，参观者经由地下室离开。里伯斯金说，"没有最后的空间来结束这段历史或告诉观众什么结论"，正是这种"空缺"，将使"一切在参观者的头脑中延续下去"。[①] 柏林犹太人博物馆建筑形体反复曲折，压缩疼挛的形体、布满伤痕的表皮，仿佛浓缩着柏林犹太人痛苦和悲惨的命运。行走其中，建筑的叙事性空间体验让人经久难忘

---

① 【德】里伯斯金建筑事务所.记忆空间[M].大连：大连理工大学出版社，2019.

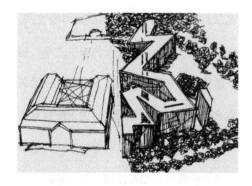

图4.34　里伯斯金　柏林犹太人博物馆

图4.35　里伯斯金　柏林犹太人博
物馆室内

（图4.34、图4.35）。

　　除了用抽象的形式语言来暗示要传达的信息，当代建筑还综合运用三维多媒体模拟技术和场景可视化技术来协助表达，与现实空间混合，呈现叙事性的虚拟场景。

　　例如美国建筑师Jon Martin设计的安特卫普地下博物馆位于比利时安特卫普中心车站地下。新博物馆在开挖地基时挖到了城市地下设施的框架，这个地下框架是20世纪70年代被废弃的城市地下管网通道，建筑师将错就错，没有将暴露出的这片地下设施封闭掉，而是将这部分区域纳入地下博物馆，使其成为博物馆的一部分。建筑师模拟W.G.Sebald的小说《奥斯特里茨》中的惊险场景，营造出地下空间昏暗阴郁的氛围。地下博物馆入口处设计了一个巨大的空洞，阳光透过入口空洞渗入地下，人们顺着楼梯下到地下博物馆内部，地下管道墙壁上放映着电影影像片段，将人们一下子带到充满惊险刺激的探险情绪体验之中。

4. 空间界面形态与运动感体验

渐进线事务所将建筑看作"充满运动和速度的轨迹"①。

人们观看、体验空间时，受到空间界面形体处理、色彩构成、材料组织、围合方式等视觉效果的影响，产生对建筑空间的整体印象，这就是视觉语言。

古典建筑内部空间受传统审美形式法则的要求，构图均衡、比例和谐，讲求对称和统一，给人的整体视觉感受是静态的平衡；而现代抽象主义作品展现出一种充满动态与张力感的新平衡观，建筑设计师将这种动态平衡美学运用到建筑设计中，生发出具有视觉张力的新设计语言。

"在视觉语言和现代建筑语言中共存着两种类型的视觉动力特征：分别是几何抽象所表达的视觉动力性与抒情抽象所表达的视觉动力性。前者的代表建筑师可以追溯到蒙德里安、风格派和密斯，而后者则直接

---

① 王士维. 渐近线建筑事务所创意的魅惑[J]. 明日风尚，2007（3）：16–17.

图4.36 蒙德里安画作示意

对应着从苏俄前卫派建筑延伸到解构主义的建筑实践。"①

几何抽象所表达的视觉动力性，例如蒙德里安的画作和密斯的巴塞罗那展览馆。荷兰风格派的蒙德里安的绘画通过横竖线条的长短交错对比、大大小小的原色块和矩形、直角形状的组合构成了非对称性的动态平衡（图4.36）；密斯的巴塞罗那世界博览会德国馆的空间仿佛是蒙德里安二维平面绘画的三维空间转译。巴塞罗那世界博览会德国馆采用了柱和长短片墙的竖向错位组织方式，用简洁的屋顶和地面创造水平

---

① 张燕来.现代建筑与抽象[M].北京：中国建筑工业出版社，2016:90.

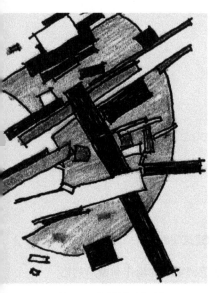

图4.37 马列维奇画作示意

延伸的视觉动力，空间具有纯净的高级感，又有一种非对称的空间动态平衡。

抒情抽象所表达的视觉动力性，例如马列维奇至上主义绘画作品和扎哈的维特拉消防站建筑设计。马列维奇的至上主义抽象绘画反对具象传达，用规则的几何形体进行画面构图，他1917年前后创作的《至上主义构图》（图4.37），用彩色方块交错构形，形成了视觉上的方向感和动势，表达了热烈的情感；扎哈·哈迪德的建筑动势很强，极具视觉张力，她直言，她的设计思想受到20世纪初俄国马列维奇至上主义艺术的影响，1977年她从AA（英国建筑联盟学院）毕业的设计作品就是"马列维奇的

建构"，她将至上主义艺术风格转译建构成了三维建筑艺术作品。维特
拉消防站作为她首个建成的建筑作品，展现了扎哈设计中独特的戏剧性
的空间张力，充满了至上主义强烈的动势和感情色彩，在整个空间中几
乎没有一面墙是垂直的，建筑空间界面仿佛汇聚成了一束光、几片坚
冰，裹挟着参观者向未来世界疾驰前行（图4.38）。

图4.38　扎哈　维特拉消防站

（四）建筑空间含义的泛化

近年来，建筑设计呈现出多学科交融的趋势，甚至建筑设计作品呈现出非建筑化的状态。许多设计师将其他学科的成就融入建筑设计中，尝试以新的角度去探索建筑设计的多重可能性，对建筑进行再定义，拓宽了建筑的形式、空间与结构语言。这些研究和实践活动模糊了建筑与各学科的分界，使得建筑含义泛化。

1.建筑的艺术跨界

建筑和艺术具有深刻的渊源，艺术是人们对世界的感性探索和阐释，人们对于美、对于实体、对于空间、对于人、对于这个世界的看法会直接体现在绘画、雕塑等门类的纯艺术创作中，同时也会影响和推动建筑设计的发展。但是对于艺术风潮，建筑艺术通常是后知后觉的那一个，就像约翰逊讲："全世界的思想意识都在微妙地转变，我们在最后面，像历来那样，建筑师正在向火车末尾的守车上爬。"① 究其根本，和纯艺术不同，建筑受到功能、技术、经济等物质条件的制约，并不能随

① 邓庆坦，邓庆尧.当代建筑思潮与流派[M].武汉：华中科技大学出版社，2010.

心所欲地表达设计者的艺术诉求。

虽说建筑不是纯艺术，但艺术对于建筑设计的重要性是不言而喻的。我们可以看一看波普艺术和波普化建筑风格两者之间的关系，就可以知道艺术和建筑之间的密切联系了。

波普艺术（Pop Art）是伴随消费文化需求而生的快销式、大众消费性艺术形式。在以消费经济为主导的社会中，消费文化运用刺激感官的、新奇、夸张、出人意料的艺术手法来吸引消费者对商品和服务产品的注意，是一种追求短暂效果的、即时性的大众快餐式艺术形态。波普艺术认为，艺术不应该高居于庙堂之上，成为少数精英阶层的专利，而应该走下"圣坛"，融进普罗大众的生活之中。波普艺术主张消弭艺术与生活的距离，甚至宣称艺术等同于生活本身。它题材广泛，表现出流行文化和商业文化对艺术的融合和渗透作用，具有世俗性和流行性。

波普艺术甚至表现出游戏化的态度，呈现出一种与古典绘画着力营造的宏大庄重的意义感、仪式感相背离的随意、多样、世俗和生活化特质，它常采用戏仿、摘抄、拼贴、戏侃等创作手法，甚至将生活用品直接放到美术馆中，让人重新审视。

波普化建筑风格又是什么呢？1972年，罗伯特·文丘里、丹尼斯·斯科特、布朗与史蒂文·艾泽努尔合著了《向拉斯维加斯学习》，书中旗帜鲜明地提出现代主义建筑抽象的形式语言与大众生活格格不入，建筑设计师应当走出象牙塔，向人们的生活和世俗文化靠拢。这部书对美国赌城拉斯维加斯的商业化景观和建筑外部装饰大加赞美，并提出两种典型的建筑形态模式——"鸭子"（图4.39）与"装饰的遮蔽体"。前者是以广告招徕为主的装饰性雕塑型建筑，不关注建筑的内部功能；后者是"装饰的遮蔽体"式建筑，建筑功能合理，但建筑的外部装饰设计处于独立的重要地位，外表形态完全为商业服务。这些建筑形式与现代主义建筑理性的，由功能和结构来决定外部形态的设计原则是完全背道而驰的，反映了经济和生活的复杂性对建筑多元化的需求。《向拉斯维加斯学习》一书所倡导的就是波普化的建筑风格。

拉斯维加斯式的波普化建筑设计风格成了一种模板，后现代主义建筑流行采用波普化艺术手法对建筑进行外部装饰，例如将建筑外部形态当作舞台布景来拼贴，建筑外部形态独立于建筑功能和结构，进行独立的装饰打扮，引用各种历史的、传统的或故事片段拼贴重组，对传统素材进行加工变异，或采用不同尺度并置引发惊异感。运用这些手法的目的在于引人注意，彰显自身。波普化建筑风格是波普化艺术在建筑设计上的投射，是商品经济时代消费文化的一种体现。由此可见艺术潮流

图 4.39 "鸭子"建筑

对建筑设计的深刻影响。

建筑和艺术具有深刻的渊源，在历史上许多建筑师同时又是艺术家。例如米开朗琪罗是文艺复兴时期伟大的雕刻家、画家、诗人，同时他也是一名建筑师；勒·柯布西耶是20世纪享有盛誉的杰出建筑设计师，他同时也是杰出的画家、美术图案设计师、造型艺术家。后现代主义建筑师盖里将雕塑和绘画视为自己建筑设计的艺术灵感来源；现代主义建筑大师密斯·凡·德罗极少主义的建筑风格也是源于其极少主义绘画的艺术追求。

扎哈·哈迪德也是这样一位用艺术素养滋养自己设计生涯的建筑师。在进行建筑设计创作的同时，她也举办艺术展览，广泛涉猎家具设计、服装饰品设计、室内装饰设计、装置艺术等各种艺术门类。

近现代，艺术从各方面渗入建筑师的设计实践中，有许多建筑师或事务所不仅参与建筑设计实践，同时也在艺术展廊和博览会中展示自己前卫的观念性艺术装置。

先锋派建筑事务所蓝天组就是这样的事务所。蓝天组在设计建筑之初有长期的艺术实践活动，在他们的建筑设计中，艺术与建筑联结得十分紧密，他们曾说："建筑师应该以艺术家的心态去享受建筑的乐趣。"[①] 蓝天组正是以艺术家的心态，实验性地、尝试性地发掘建筑的本质含义。他们这样解释蓝天组的名字："蓝天组不是颜色，而是一种建筑理念—— 建造像云那样不断变化的东西，仿佛飘浮多变的云朵一样。"[②] 蓝天组成立于1968年，他们不懈地汲取现代艺术和其他各学科的养料。在成立初期，蓝天组更像一个艺术家团体，对装置艺术、声乐、行为艺术、波普艺术等都有广泛涉猎，这给了他们更多的设计灵感，例如他们尝试将音乐和建筑结合起来，他们做的音乐房屋被看作是无形的音乐转化成有形的三维空间的独特案例；他们尝试把人类的身体语言转化成空间构成语言的实验艺术。这种长期在艺术领域的实验性的实践和不断追求创新的理念，使蓝天组成为现代建筑领域解构主义的先锋，成了奥地利创新型建筑事务所的代表。

---

① 李星星. 蓝天组的解构主义建筑形式研究[M]. 长沙：中南大学出版社，2016.
② 李星星. 蓝天组的解构主义建筑形式研究[M]. 长沙：中南大学出版社，2016.

就建筑空间设计而言，艺术实践对于空间的探索生发出许多具有启迪性的思想，为建筑设计打开了丰富的灵感之窗。

2.虚拟的信息化空间

空间是多样化的，在不同的范畴、不同的尺度有不同的空间，而艺术给空间提供了更多非地域、非物理的环境，许多在现实状态下无法实现的空间构想。空间既可以是存在于现实世界中的，存在于可以成为建筑让人生活其中的空间，也可以存在于艺术之中，如电影、艺术表演、游戏等虚拟的非物质空间，虽然它们不能让人身处其中居住和生活，但这种探索是十分有意义的，它们给予建筑设计师在现实世界的设计实践更多的设计灵感，为我们提供了在其他空间领域更丰富的体验。对设计师而言，这种对于虚空间的探索是十分必要的，尽管不一定要将它们在现实世界中一一加以实现。

例如，在信息时代，随着计算机技术的发展，建筑概念泛化，通过虚拟现实技术，可将建筑影像幻化为虚拟的建筑空间。

2000年远东国际数码建筑设计首奖作品 —— 信息地图博物馆设计

的概念就来源于博物馆展陈方式在信息时代的转变——不再以原物或图文展陈作为博物馆展陈的主要方式，而是在展陈中让参观者自己来选择希望关注的主题，将虚拟的信息影像叠映在建筑实体墙面上，通过技术手段让人漫游在虚拟空间之中，使参观者得到直观立体的感受和体验。它重新定义了博物馆的展陈方式，进一步改变了博物馆的空间设计，将实体的、固定的建筑空间虚拟化、影像化、互动化。

在信息社会中，建筑可以作为信息的媒介存在，使用LED屏幕，建筑的表皮可以传递大量的信息，使得建筑从物质性实体向虚拟化、动态易逝的虚体转变，而它的内部空间也必然增添了信息社会的特质。

例如，MVRDV就在Eyebeam学院"信息银河"项目竞赛中，设计了一个简洁的塔楼式建筑，在塔楼中设置了巨穴式的空洞，设计者将大小不同的建筑功能体块交错安插在空洞之间，这些体块表面是大型的电子屏，传输展示着各种信息；从建筑中空的塔楼上看，是交错闪烁无尽的"信息银河"。在这个设计中，建筑的实体消隐在不断变化的信息流组成的"信息银河"中，成了虚无流动的印象化存在（图4.40、图4.41）。

图 4.40 MVRDV "信息银河" 方案　　图 4.41 MVRDV "信息银河" 方案室内

3. 多种形式的另类空间

在 2002 年瑞典博览会上，纽约建筑师设计了一个特殊的"模糊建筑"，这栋建筑位于纽查泰尔湖码头旁，它采用悬臂结构支撑密集排列

图4.42 瑞典博览会"模糊建筑"

的31500个高压喷嘴，高压喷嘴喷出过滤的湖水形成水雾，当天气条件
适宜时，水雾仿佛一朵100米宽、60米深、25米高的"云彩"。英吉利
《新闻周报》针对这栋建筑发表了一篇名为《天堂之门》的评论文章，
文中写道："进入这个壮观的建筑，就像栖息于瑞士阿尔卑斯山景观之
中，感觉像步入一首诗——是自然的一部分，却远离现实。"① 这里，
建筑失去了实体印象，变得像云彩一样轻盈，失去了实体边界，让人仿
佛进入了"非真实"的时空境界（图4.42）。

———————————

① 迪勒，斯格菲迪欧.模糊建筑，伊凡登勒邦，瑞士[J].世界建筑，2004（4）.

图4.43 藤本壮介 蛇形画廊 "云形建筑"

　　2013年藤本壮介应邀设计了蛇形画廊的临时艺术展廊，设计师采用无数根白色钢条架构出半透明的云形建筑，这一景观建筑模拟出云轻盈、通透、朦胧的自然意向；设计师同时在杆件中安装了灯光装置，使其可产生闪电般的艺术效果。藤本壮介谈到这一个景观建筑的灵感来源时说："我希望创造出一种介于自然与建筑之间的透明的绿色建筑空间。""钢柱本身是十分坚硬和人工化的，但是当我们把无数的钢柱组合在一起，它们变成了有机的、像云或者森林一样的建筑。"① （图4.43）

托马斯·赫斯维克工作室设计的2010年上海世博会英国馆"种子圣殿"是一个完全颠覆固有建筑印象的建筑物，它看起来更像一个巨大的装置艺术展品，极具创意。"种子圣殿"周身插满了约6万根、每根长达7.5米左右的透明亚克力杆，亚克力杆里封藏着各式各样植物的种子，

图4.44 托马斯·赫斯维克 上海世博会英国馆

---

① 藤本壮介谈蛇形画廊：想创造建筑与自然之间的空间，http: // www. ideamsg. com，2013-07.

每一根亚克力杆顶端都有一个细小的光源，这些光源可以组合成各种不同图案。这些亚克力杆在风中轻轻摇动，特别是在晚上变换着奇异的光彩，仿佛是一个巨大的蒲公英绒球，给人留下深刻的印象。这栋不像建筑的建筑物用独特的视觉语言表达了英国在物种保护方面的成就，彰显了多样化物种对地球和人类的巨大意义（图4.44）。

建筑实体
的消解

| 第五章　>>>>

结构的精简

　　建筑结构是在房屋建筑中，由各种建筑构件形成的能安全抵御自然界或人为施加的正常范围内的荷载，使建筑物保持持久良好使用状态的支撑体系。

　　建筑结构在发展中也逐渐从坚固结实的印象变得越来越精致简洁，甚至变得更为动态化了。

一、结构的历史演变

（一）原始时期

　　原始时期，不同地域环境的人群利用当地可资利用的建筑材料，根据这些材料的特性进行房屋搭建，通过长期积累下来的经验形成了当地独特的建造模式，这也成为世界古代建筑体系的技术和形式渊源。经过长时间的历史演化发展，木材和砖石成了古代建筑的主要结构材料，也发展出适应其材料性能的结构构造方式。原始时期的建筑形式和建筑结构是十分统一的。

（二）古代时期

经过长期的发展，中国建立起成熟的木构架建筑体系，西方则发展出以砖石为主的结构体系，柱子粗壮，空间跨度受限，空间不宽裕，建筑实体感很强。

到了古罗马时期，古罗马人发明了天然混凝土材料和拱券结构技术，拱券和穹顶结构使得结构跨度大大增加，获得了前所未有的空间艺术成就。例如罗马万神庙直径达到43.2米的巨大集中式空间，具有强烈向心力的内部空间让人震撼；罗马公共浴场采用多种拱券结构组合，形成了宏大连续富于变化的序列空间。这个时期的建筑在形态上端庄稳重，给人以不可动摇的永恒之感。

中世纪西方的哥特式教堂建筑在技术和艺术上达到了新的巅峰。哥特建筑对十字拱技术加以改进，做成框架式的拱顶，大大减轻了拱顶的重量；建筑修长的立柱呈现出框架结构的特征，中庭拱顶的侧向力用飞扶壁转移到教堂外侧的墩柱上，使得外墙不必承担过多的荷载，因而可以开启更大面积的窗户，使空间内部更为明亮。结构的轻巧，使得人们开始尽力追求教堂的中厅高度，空间向上升腾的动势和建筑对高度的不懈追求，使得建筑仿佛要脱离开地面升腾入天堂。哥特式教堂创造了恢宏的建筑形式，表达出崇高的宗教精神，达到了结构和艺术的统一。

（三）现代建筑时期

19世纪末，通过反复的努力，人们慢慢习惯了在面临重大工程项目之前，都要通过严谨的结构计算和分析，来取代原来凭借经验感觉来估计的方法。建筑结构设计变得更为理性严谨，大量的设计实践进一步推动了结构技术的发展。

现代建筑时期，结构技术的发展、新材料新工艺的涌现，客观上给建筑新形式的产生提供了可能性，推动了建筑革命。新的结构形式异彩纷呈，建筑结构除了更加坚固，也可以满足快速搭建、可折叠、可变、轻量化等多样性的需求，还可以做到与表皮一体化设计，隐没在表皮中。结构从厚重到轻薄、从粗放到精致不断演变，结构性能越来越高效。

二、结构的消解

（一）结构精简化

"新的美学标准是精确性和经济性，而不是经验，我们对材料的有限性与能力的更多了解，使我们能够更为经济、精确地使用它们。"①

1.结构清晰化

结构的清晰性包括结构形式符合力学特征，适应受力特点，建筑构造细部适当合理，结构材料充分发挥材料性能。

在西方传统的砖石结构建筑设计中，结构的尺寸和构造方式是由经验来决定的，结构冗余很多，有很大一部分结构效能余量没发挥作用，结构形体因而显得十分粗壮坚实。

在现代主义建筑运动开始之前，建筑形式受困于古典建筑形式的桎梏，人们认为古典建筑的美是永恒的、经典的，建筑结构被认为是粗陋不可示人的，要被精心遮盖掩饰起来。

① 戴航，张冰.结构·空间·界面的整合设计及表现[M].南京：东南大学出版社，2016.

（1）结构清晰化的诉求

意大利"七人小组"主张"新的一代宣告建筑学上的一次革命，这次革命将组织和建立诚挚、秩序和逻辑，并且建立巨大的明晰性，这些是新精神之真正因素"[①]。

20世纪20年代兴起的现代主义建筑运动强调设计应该从实际出发，发掘建筑结构与建筑材料本身的美，反对因循旧有的传统风格和矫饰过多。

诸多建筑师对结构理性的推崇，在建筑师群体中产生了一种普遍的让结构清晰展现的责任感，结构变得越来越诚实，去除矫饰被人们所感知，体现出真实的力学传递关系；材料的使用也越来越符合它本身的特性，建筑结构理性化的精神被确立起来。

结构真实性要求用于结构的材料要体现它真实的物理性能。结构追求清晰化，其结果就是结构越来越轻巧，极简化、可视化，作为感知的一部分，而不是被其他材料包裹隐藏起来，让建筑看起来和其实际构

---

① 邓庆坦，邓庆尧.当代建筑思潮与流派[M].武汉：华中科技大学出版社，2010.

筑方式不同，被穿上一层矫饰的外衣。当结构展现出自己的力与美时，它让人感动的内容远比含混粉饰的装饰表皮要多。

（2）建构主张的兴起

结构形态的选择依赖于结构的受力要求和结构的视觉感知与建筑功能的配合，仅仅关注结构清晰和理性并不能满足建筑师对于结构知性美的要求，建筑师因此提出了建构设计。建构是用艺术化的手法来选择结构形式、设计结构形态和刻画构造细部，创造具有视觉表现力同时又符合结构清晰性原则的结构，将结构作为主要的空间情感表达形式，甚至将其艺术化，增强其表现力。

现代技术的进步，使得建筑可以采用更多的建构手法，借由结构和材料的建构表现更多的精神力量。意大利结构工程师奈尔维就是这样一位"钢筋混凝土诗人"，他设计的建筑彰显结构在空间中的视觉感知力，展现结构的清晰逻辑关系，塑造具有艺术表现力的结构效果，实现了结构的创新。

罗马小体育馆是他的代表作之一，在现代建筑史上占有重要的地

图 5.1　奈尔维，罗马小体育馆

位。小体育馆平面为直径60米的圆形屋顶，类似一张倒扣着的荷叶式
的穹顶由周边36个Y字形斜撑承托。小体育馆最负盛名的是它球形的
天花设计，天花由条条拱肋交错形成精美的图案，充满韵律感，球形天
花与Y字形斜撑之间的交接处精致细巧，使得球形天花仿佛凌空开放的
雏菊那样素雅轻盈。奈尔维在变革建筑结构和施工工艺的同时，创造了
风格独特、形式优美的建筑形象，他致力于创造技术与艺术的统一体，
他的名言是："建筑必须是一个技术与艺术的集合体，而并非是技术加

艺术。"①（图5.1）

拉斐尔·维洛里设计的东京国际会议中心建筑基地东侧紧邻东京新干线的高架轨道，为了顺应新干线转弯的弧形曲线，建筑顺应基地形态，巧妙地设计了一个棱形玻璃中庭。这个中庭全长201米，最宽处约30米，高度达到57.5米。这个棱形中庭最震撼人心的是它的空间感和结构设计，具有韵律感的巨型钢骨架由大厅两端的棱形变截面巨柱支撑，柱子间距达到124米，两端挑出长度约40米，极具想象力的巨型结构创造了明亮的开敞空间，形成宏大的气势（图5.2）。

2.结构精致化

结构的附着物在不断的结构精确化、精简化、高效化的过程中被分离开。

随着结构材料力学性能和建筑力学分析方法被人们熟练掌握，高效能的计算机在设计中大量使用，精细化的结构计算使得结构材料在充

_____

① 【意大利】奈尔维.建筑的艺术与技术[M].黄运升等，译.北京：中国建筑工业出版社，2019.

图5.2 维洛里 东京国际会议中心室内

图5.3　维洛里　东京国际会议中心总平面

分发挥自己的结构效能的前提下，用材越来越少，截面尺寸越来越小，结构在建筑实体中所占的比重大大降低了。

结构设计的进步大大精简了结构，减少了结构材料用量。例如结构设计中组合运用结构材料，充分发挥不同材料的结构性能制作复合材料构件，使得构件材料得以高效地发挥其力学性能，例如张弦结构就是这样一种混合结构形式，它由撑杆联系刚性构件上弦和下弦柔性拉索，形成大跨度预应力空间结构。上弦的抗压抗弯桁架和下弦的抗拉构件取长补短协同工作，发挥了每一种结构材料的作用。在形式上结构显得轻盈通透，材料用量大大减少。

例如东京新宿日本工学院射箭馆与拳击俱乐部结构设计。FT建筑师事务所设计的这两座建筑都是木结构低成本无柱建筑，射箭馆的结构采用做家具用的小木材，设计制作显得十分精致；拳击馆采用稍大的木料拼构而成，形成了具有粗犷感的层叠形态。两个馆的木结构都只用螺栓和螺母进行固定，在水平和垂直方向上交错，工艺简单，施工容易，空间让人产生传统文化的联想，又具有现代工艺的简洁风格。在这两个馆的设计中，结构本身给人一种层层相叠的韵律之感，构件设计精巧细致，结构成了空间中有力的艺术表现物。

建筑结构的精细化使得建筑能更多地展现对工业美的追求，体现现代材料的光滑质感和加工工艺的高超精湛。在玻璃幕墙结构和构造节点的发展过程中，我们就能很清晰地看到结构的精细化过程。玻璃幕墙是由玻璃窗发展起来的，玻璃幕墙需要结构支撑，最开始支撑为金属框架。为了从建筑外部看来更简洁美观，工程师将框架部分或全部做在内部，成为半框和隐框玻璃幕墙。更进一步，为了让玻璃幕墙看起来完全是透明连续的玻璃墙面，设计人员又试验采用玻璃肋支撑玻璃板，形成了完全通透的水晶墙面。但玻璃肋幕墙由于受力的局限性，无法使用在较高的玻璃幕墙上，因此设计人员又实验采用新型点支撑结构系统，采用点支撑装置和支撑结构来支撑大面积玻璃面板，完全改变了旧有的框架支撑玻璃模式。玻璃板由钢爪柔性连接，用后侧的支撑结构实现支撑，支撑结构可以根据设计诉求选用钢网架、钢管桁架、拉杆式桁架等多种结构形式，玻璃幕墙整体结构变得越来越轻盈、精致。

3. 轻质低碳结构

随着社会经济的发展、人口的集聚，需要能容纳更多功能的空间，大空间需要更大跨度的结构形式，大跨度建筑结构在第二次世界大战后的最近几十年得到了迅速的发展。根据受力结构构件的组合方式，大跨度结构体系可分为平面结构体系和空间结构体系两大类，平面结构体系有拱、钢架以及桁架，空间结构体系有网架、折板（薄壳）、悬索、膜结构以及混合结构。这些结构形式用材少、覆盖面积大、性能高效，从建筑形态上看也和以往的坚固稳定、坐落在基地上的建筑不同，变得更具有动势，轻盈、简洁。

现代结构用材变得越来越少、覆盖面积大、低碳环保、易拆卸、可再利用，其中不得不提到美国建筑师富勒的贡献。理查德·巴克敏斯特·富勒是美国著名的先锋发明家，AIA学会评论"他是一个设计了迄今人类最强、最轻、最高效的空间围合手段的人"，他也被称作可持续发展之父。富勒信仰"用较少的资源办更多的事"，他指出，"我们的资源，我们对于资源的利用方式以及我们现有的设计，只能照顾到人类的44%"，解决途径是进行一场设计革命，摒除华而不实的设计方式。富勒说："……评判建筑结构优劣的一个好指标，是遮盖一平方英尺地面所需要的结构的重量。在常规的墙顶设计中，这一数字往往是2500公斤/平方米，但是'网球格顶'的设计却可以用约4公斤/平方米来完成这一设计。我用一块塑料皮就能造成这样一个结构。"①

富勒最著名的发明是短程线圆顶结构，这个结构由呈三角形排列的铝管框架构成，表面蒙有双层绝缘塑料表皮，用以防止不利气候的侵袭。整个结构秉承低碳原则，在保持结构高效能的同时使用最少化的材料。

1967年，富勒为蒙特利尔世博会美国馆设计了20层高的半球体网架结构，直径达到76米（图5.4）。这个球形结构被称作"富勒球"，其后他在美国路易斯安那州设计了直径达到117.5米的大圆顶，成为当时最大的无支柱建筑。如今，他的"富勒球"得到了广泛的应用，成为世界闻名的"巨球"结构，他的设计思想也在现代注重低碳环保、可持续发展的社会背景下得到越来越多的重视。

4.结构消隐的倾向

结构从经验设计和冗余中解放出来后，结构设计表现艺术化倾向

---

① 【美】理查德·巴克敏斯特·富勒. 设计革命：地球号太空船操作手册[M]. 陈霜，译. 武汉：华中科技大学出版社，2017.

图5.4 富勒 蒙特利尔世博会美国馆

有向高技术、精细化发展的趋势，也有极少化、精简化，刻意营造消失之感的艺术倾向。

在建筑的精神寓意中，将地面视作大地，将建筑视作天空，阐释类似"穹庐如盖"的含义，因此设计师有将建筑做成无重力感的倾向，故意消隐建筑的实体感，力求摆脱建筑的物质性。

在建筑体验中，我们惯常的视觉经验是建筑受到重力的作用，自上而下垂直传递重力。当设计师有意打破这种预设，人们在视觉上体验不到建筑与地心引力的关系时，视觉心理预期得不到确认，就会从心理上感受到建筑对重力的摆脱感，建筑呈现出升腾悬浮的非物质性感受。

例如意大利米兰航空展览会金质奖章堂，这个建筑是佩尔西科与马赛洛·尼佐里在1934年设计的，在展示空间中采用了悬挂结构，悬挂了用于固定展板的纤细柱子。建筑的主要结构隐没在墙体中，天花和地面采用黑色涂饰，仿佛从空间中消失了。整个空间形成了类似于笛卡尔坐标体系式的抽象无重力空间。

再如石上纯也设计的神奈川工科大学KAIT工坊，工坊外部是一片桦树林，设计者希望内部空间和外部自然环境融为一体，因此室内空间着力抽象地表现树林的空间体验。 KAIT工坊的结构采用了特殊的设计方法，柱子不规则的排布方式给人以自然随意的感觉，305根柱子中只有42根是受压构件，另外263根是受拉构件，因此整体结构给人的力感不是从上往下传递重力作用，而是向上拔升。被拉升的柱子挺拔得像树一样有向上的生长感，进而使屋顶产生虚空无重量的悬浮感，整个空间

图5.5　SANNA　古河公园咖啡厅

营造出轻薄抽象的无重力印象。

在古河公园咖啡厅的设计中，妹岛和世和西泽立卫将常规的垂直构件——柱子分解成若干6.05厘米直径的纤细构件，分散在建筑中，使得垂直承重结构在视觉中显得很轻盈。除了纤细的柱子之外，他们还设置了四片6厘米厚的薄墙抵抗水平推力，为了减弱墙面的视觉存在感，墙面采用镜面反射材料，反射周围的景色以使墙面消隐；同时，服务空间的隔断与屋顶脱离开，形成装置小品式的服务区域。整个设计使得古河公园咖啡厅的空间具有飘浮感，十分轻盈（图5.5）。

日本埼玉县错层S宅在设计中采用结构与形式相整合的设计方法，对结构竖向的传力构件进行倾斜处理，并与层间的楼梯结合起来，垂直的结构构件只在建筑四角上有纤细的钢柱。整体结构的处理手法让人感受到建筑悬空飘浮般的轻盈感（图5.6、图5.7）。

（二）结构与形态一体化

"建造的结构是否稳固，取决于它的形式，而不是笨拙地堆砌构

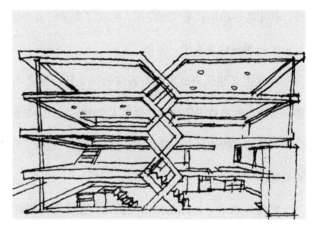

图5.6 错层 "S" 宅

图5.7 错层 "S" 宅局部

件，利用巧妙的形式来实现稳固，完成了美学的最高使命。"①

1.结构与建筑表皮一体化

现代主义建筑释放出建筑表皮的独立性，使之不再受制于建筑结构，为表皮的独特多样化设计提供了自由空间。但是也有一种观点认为这并不是完善的选择，一味强调"皮骨分离"造成了建筑材料和经济上的浪费。

结构与表皮一体化是结构简洁化、艺术化的过程。随着结构的计算精细化，产生出更多的力学解决方案，建筑师在设计中拥有了更多的结构形式选择。

结构与表皮设计一体化将表皮界面整合到结构构形设计中，在一体化设计中，不再是以往标准化的梁柱结构体系设计，而是结构与建筑表皮合为一体，使内部空间更为完整自由。

在这方面，伊东丰雄做了许多实验，并进行了许多设计实践。

---

① 【美】斯坦福·安德森编. 埃拉蒂奥·迪埃斯特：结构艺术的创造力 [M]. 杨鹏，编译. 上海：同济大学出版社，2013:102.

　　例如伊东丰雄在Tod's的表参道店设计中，采用了树枝的连续交叉剪影、斜向交叉编织的连续结构面板，既塑造了特有的建筑外形特征，又很好地保证了结构荷载传递的连续性，使整体形态构成与力的传导达成统一（图5.8）。

　　伊东丰雄为御本木设计的东京银座2号新旗舰店也采用了表皮和结

 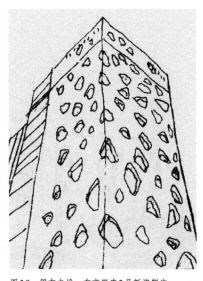

图5.8　伊东丰雄　TOD's表参道店　　　　图5.9　伊东丰雄　东京银座2号新旗舰店

构一体化设计的手法。外墙既是表皮又是支撑结构，两层钢板连同中间
的支撑构成镶板墙体，墙体内部浇筑混凝土，形成了结构化的表皮。室
内空间由于不需要设置柱子，为功能安排和室内形态设计提供了更大的
自由度（图5.9）。

　　伯纳德·屈米设计的美国辛辛那提体育中心也是结构与表皮一体
化设计的范例，它的混凝土表皮采用敦实有力的斜向网格型设计，是建

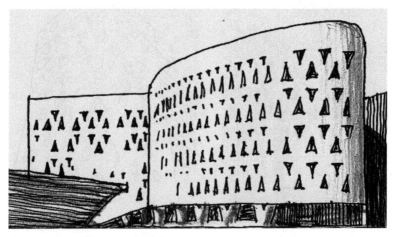

图5.10　伯纳德·屈米　美国辛辛那提体育中心

筑的竖向承载构件，在其内层还有一层玻璃幕墙，两层表皮形成了双层墙构造，内外层之间形成空腔可用来通风降温。结构和表皮一体化使得内部空间不再设置结构柱墙，形成了连续开敞的大空间（图5.10）。

2. 结构与形态一体化

几何学在19—20世纪出现了重大发展，黎曼几何学得到飞速的发展。黎曼几何是一种类似曲面几何的空间几何，在有些定理中它与欧氏几何学原理有截然的不同，突破了欧氏几何学原有的直线认知；拓扑几何、分形几何等理论也让人们耳目一新。当非欧几何学的相关原理成了当代建筑空间和形式实验的重要工具后，建筑呈现出前所未有的面貌，而建筑中的空间也得到进一步释放。

复杂几何在建筑设计中的应用不仅关注建筑外在形体的复杂形态构建，还深入结构构形设计，将建筑外形的复杂和空间形态的需求贯彻到建筑结构中去，使形态、空间、结构表里如一。

目前采用复杂几何构形的操作还大多停留在建筑外部形态肌理中，内部空间和结构构形与复杂的外部形态是内外两张皮，或者空间虽然采用了复杂几何构形形态设计，但实际结构骨架仍旧采用传统的梁柱体系结构，只不过用装饰包裹的手法在梁柱结构外包装打造了异形复杂结构和空间形态，但随着技术的进步、新材料的广泛使用和建造工艺的进步，其发展前景是广阔的。

让·努维尔设计的位于中东的卡塔尔国家博物馆外观如同由许多巨型圆盘交叉叠砌而成的玫瑰花瓣，它的构形灵感原型是沙漠中矿物结晶体的形态，这些看似随意交叉的巨型圆盘形成了建筑的墙体、屋顶和楼板，构成了别具特色的内部空间。

这个项目的结构极有挑战性，圆盘是向外辐射布局的钢结构桁架，外部覆盖着不规则的玻璃纤维复合钢筋混凝土板，与水平圆盘垂直和斜向交叉的巨型圆盘内部隐藏着柱子，用来将水平荷载传递到地基上。在这个项目中，形态、空间和结构形成了完美的统一，整个建筑就像大自然的产物。当然，这样的建筑造价不菲，投资人特别邀请了盖里科技公司为这一建筑量身打造结构，并申请了专利（图5.11、图5.12）。

伊东丰雄设计的东京多摩艺术大学图书馆内外采用拱形结构，拱

图 5.11　让·努维尔　卡塔尔
国家博物馆

图 5.12　让·努维尔　卡塔尔国家博物馆

形柱底部苗条，顶部以优雅的弧度呈伞形展开，弧形曲线的混凝土构架使得空间在光影烘托下充满艺术美感，建筑形式和结构达到了完美的统一（图 5.13）。

图5.13　伊东丰雄　东京多摩艺术大学图书馆

3.结构找形

结构设计在探索中向自然界学习，探究不同材料形式本身的荷载能力和自然界生物在长期进化中的生物结构合理性，创造更为轻质有效的结构形式。

结构形式的不同会影响承载能力，例如经过设计的弯曲或者褶皱的纸可以承载一张平整的纸无法承载的负荷，差别就在于它获得了合理的结构形态。

埃拉蒂奥·迪埃斯特提到，"我们试图让形式成为结构 …… 在知识分子看来，没有什么比'通过形式获得抗力'更高尚优雅"[1]。

结构的形态包含结构的形状和结构在荷载作用下的内力分布和变形特征，结构形态的微小变化能引起整个结构力学性能的改变。

通过找形实验和计算机模拟，在找到最优结构性能的同时，还能得到符合建筑设计空间形态要求的最佳交集，它综合了力、材料、几何三方面的考虑，并兼顾建筑对功能、空间形态、造型设计多方面的要求，最终找到合理的结构形态。

结构设计中的结构找形法就是采用物理实验法或计算机分析法研究材料在自然状态下的受力和形态，用以启发设计者创造出更多符合自然内在规律的结构模型。

例如高迪采用小沙袋垂吊法和悬链法研究重力法则下的受力状态，确定应力的分布和结构形态；费雷·奥托采用大量模型实验研究结构的最小曲面、结构的传力途径和构件中的应力状态，他采用悬链法得到承压网壳结构模型，用肥皂膜实验来确定膜结构最小化的表面积，用以推

---

[1] 戴航，张冰.结构·空间·界面的整合设计及表现[M].南京：东南大学出版社，2016.

敲设计沙特阿拉伯的吉达运动场大厅。这些实验方法和对自然结构的观察模拟，都有助于设计师用最少的材料消耗获取最大的结构效能。

当然结构找形实验有它自身的局限性，并不能完全准确地反映实际工程应用状况下结构真实的受力状况和内力情况，最多是结构构形的模拟。但就力和形态的统一整合设计这个大概念来说，是十分有意义的探索。

水立方作为2008年中国奥运会的国家游泳馆，突出了水给人的轻盈通透的感受，十分贴近游泳馆的艺术形象要求，形象上十分简洁轻盈，但它的结构并不简单。水立方是一个约177米长、30米高的巨型建筑，同时，这个建筑中要形成无柱的大型功能空间，这就要求建筑形态与结构一体化设计，使结构的自重最小化，并实现屋顶的无柱支撑。PTW建筑事务所和ARUP结构事务所在"肥皂泡"仿生数学算法模型的基础上，编写了钢管形成"肥皂泡"的脚本与算法，建立了3D参数化模型，经过大量的计算和分析，最后形成了完善的结构解决方案。

水立方结构系统由钢管与节点要素组成三维网状的"泡泡形"构

件，"泡泡形"构件形成网络状的组构件，各组构部分形成建筑整体化的结构系统，整体化效果突出；同时，整个结构系统由差异化的泡状构件组成，以对应各部分不同的荷载要求。这种"肥皂泡"仿生结构系统组构成了大空间轻质高强的建筑形态，满足了建筑艺术形象和结构受力协调统一的建筑要求。

4. 结构仿生

现代建筑的柱梁框架结构体系采用大面积快速装配式施工方法，在大工业化时代背景下，满足了人们对建筑的大量需求。在新的历史时期，随着科学技术的发展，欧几里得几何学后发展出非欧几何学，为新结构、新形式的创造提供了理论上的铺垫。非欧几何可以更贴切地阐释自然界千变万化的结构形态，加上高效、高性能计算机的支持，人们建造的人工几何结构逐步模仿和贴近自然结构。

自然界有机体的生命活动和它的机体架构是协调统一的，人们感叹自然界生命的完美精巧，在建筑设计中希望模拟有机体，创造与生命体相类似的"活的机体"。历代建筑师不懈地追求这个理想，在现代技术日益进步的今天，建筑越来越接近一个"智慧的生命体"。

塞西尔·巴尔蒙德在他的著作《异规》中提到异规的结构哲学①，异规结构是一种趋于生物形态和自由的结构形式，是动态、自由、混合的体系，它将结构、表皮、空间作为彼此关联的一个整体，不存在清晰的规则和固定的模式，不拘泥于规则均衡的柱网体系，而是发展出动态、自由、混合的结构构形方式。

自然界生物在长期的自然选择过程中，形成了精妙的结构，用最少材料取得最佳的受力效果。弗雷·奥托认为："自然形态代表了高性能的形态，综合了艺术与伦理的观点。结构师的任务是把各种不可避免的新结构恰当地调和到环境中，运用最小的材料与能量消耗，成为生态系统的一部分。"② 结构的形态是结构和建筑设计经常涉及的共同部分，建筑研究借鉴自然界的结构形态，例如贝壳、骨骼和枝干等，这些自然形态长期抵抗自然力，受力结构与外部形态高度统一，做到了用最少的

---

① 【英】塞西尔·巴尔蒙德.异规[M].李寒松，译.北京：中国建筑工业出版社，2008:56.
② 【德】温菲尔德·奈丁格，等编著.轻型建筑与自然设计——弗雷·奥托作品全集[M].柳美玉，杨璐，译.北京：中国建筑工业出版社，2010.

材料创造出最高效的结构。

　　生物结构面对自然力时有两种应对方法："疏解"和"抵抗"。"疏解"就是减少受力面，将作用于自身的力减少到最小；"抵抗"就是用有效的材料分布和合理的内力抵抗来避免自然力对自身的破坏。

　　例如哑铃状的腿骨和竹子的竹节，用局部加强的材料强化应力集中区的受力抵抗需求，贝壳壳体结构在整体上"疏解"了作用于它表面的集中力，提高了结构的承载力。蜂巢用各向受力均匀的六角形结构满足了以最少材料获得最大空间的需求。

　　工程师在结构设计中学习自然结构，以工程力学原理为基础，对生物体的材料、结构、系统进行科学分析，进行仿生模拟，以求获取有良好工程结构效率的结构模型。

　　Tom Wiscombe的Emergent事务所在南加州建筑学院"蜻蜓"项目设计中，对蜻蜓翅膀进行了分析，发现它的结构形态不是匀质的，是应对自然外力、适应物理特性复杂结果的呈现。蜻蜓翅膀结构由脉和膜组成，上部还有一层蜡状物质，脉是支撑结构，膜是空气动力结构，翅膀上的纤维加强了翅膀的稳定性（图5.14）。Emergent事务所依据蜻蜓翅膀的结构原理开发出梁状膜结构，制作了"蜻蜓"装置，在给定的荷载条件下，根据整体结构形状、材料厚度等因素，计算出合理的结构几何形态，然后根据荷载受力差异，差异化分布结构网络密集度，将不同区域的结构分级，强化受力较大位置的铝材厚度，在受力较弱位置减少材料用量，形成蜻蜓翅膀一般能应对各种不同荷载的异质结构系统。

（三）结构不稳定感与动态响应

在传统建筑设计中，结构设计依赖经验和直觉，建筑结构大都是

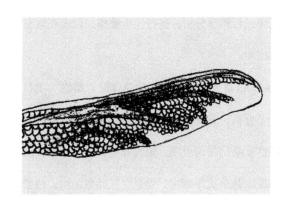

图5.14　蜻蜓的翅膀

静态平衡的，墙柱垂直于地面，显得很稳定。随着现代技术越来越先进，结构设计获得了更多自由，在后现代思潮的影响下，动态不稳定的审美倾向等种种因素使得建筑结构设计出现追求动态平衡之美的趋势。

1.结构的动势

现代计算机技术的进步使复杂的非线性扭曲面结构设计可通过计算分析来解决问题，现代轻质高强度材料的出现也为建筑师塑造异型结构创造了前所未有的自由和空间。

从20世纪开始，建筑界开始大力推崇运动美感，意大利未来主义学派奠基人马里内蒂在《未来主义宣言》中宣称："一辆汽车吼叫着，就像踏在机关枪上奔跑，它们比萨摩色雷斯的胜利女神雕像更美，因为前者体现了速度、力量和运动。"[①]

建筑的结构表达趋于雕塑化，用极具表现力的结构形式塑造出具有力感和运动感的建筑形象，阐发建筑的精神。

---

① 【法】马克思·加罗.欧洲的陨落——第一次世界大战简史[M].北京：民主与建设出版社，2017.

日本建筑师丹下健三认为："虽然建筑的形态、空间及外观要符合必要的逻辑性，但建筑还应该蕴涵直指人心的力量。这一时代所谓的创造力就是将科技与人性完美结合。而传统元素在建筑设计中担任的角色应该像化学反应中的催化剂，它能加速反应，却在最终的结果里不见踪迹。"[①] 1964年，丹下健三设计的东京代代木体育馆就是这样一幢极具动势的建筑，主场馆由两个错开的半圆形平面组成，在体育馆两端矗立着两根钢筋混凝土立柱，立柱间用吊索相连，吊索下数十根钢缆呈放射状引向观众席，明亮的采光映衬着天棚上舒展的钢缆曲线，突显出体育馆内部空间的开阔和高亢激越之感。建筑采用高张力线索作为主体的悬索屋顶结构，造型形似海浪中的漩涡。极具动态感的结构和造型设计给人留下了深刻的印象（图5.15）。

2.结构的动态响应

设计工程师一直在探索能动态适应外界环境变化的结构构造系统，他们将仿生学成就应用到建筑结构设计中，借助自组织、感应互动、新

---

① 马国馨.丹下健三[M].北京：中国建筑工业出版社，1989.

图 5.15　丹下健三　东京代代木体育馆

型材料和工程学等专业技术，设计出能动态响应外部环境的类似于人工
生命体的建筑结构。

（1）机械式的动态响应

西班牙人圣地亚哥·卡拉特拉瓦集建筑师、结构工程师和机械工

图5.16 卡拉特拉瓦 密尔沃基美术馆加建部分

程师于一身，一直致力于研究可动结构、仿生结构以及建筑动态的表达，善于运用动态平衡创造近乎失衡的视觉新奇感，在他手中，结构工程和机械技术成了创造可动建筑的有力支撑。

2001年卡拉特拉瓦设计了密尔沃基美术馆的加建部分——Quadracci展厅，这一建筑是可动建筑的代表作品。建筑面积不大，但十分引人注目，建筑师沿着大道建了一座拉索引桥，将观众直接导引到建筑的主要入口处。建筑顶部桅杆上串接起如羽翼一般的遮阳百叶，在白天，随着阳光光线方向的变化不断调整遮阳角度，在展厅中投下柔和的漫反射光；当气候恶劣时，系统控制机械转动装置，将遮阳羽翼合拢成圆锥状，以避免恶劣天气的影响（图5.16）。

（2）自组织的动态响应

自组织动态响应的结构系统不依靠统一的中央控制系统自上而下地发出指令，而是依靠结构构件的材料弹性性能以及结构单元之间的连接构造在一定范围内产生形变，最后引发整个建筑结构系统的动态响应行为，这种响应方式具有即时性与高效性。

　　构造方式变动引起整个结构动态响应，例如在GAP移动艺术展廊的设计中，设计师采用GAP万能通用表面结构系统，这个系统由许多空间构件单元聚合在一起形成。GAP单元能通过简单的构造连接方式的改变，达成一定范围的可变性；各个单元的变动能引发整个结构系统的变化，使整个结构按需要在静态和可变两种状态间切换。

　　弹性材料在受到外力时会产生形变和内部性能变化，由此引发整个结构系统的动态响应。2004—2005年，Shire Han在AA四年级课程中对基于材料弹性可变性能探索动态适应性的非线性建筑结构进行了一系列实验，从对碳纤维杆件的弹性变形研究，到成组碳纤维杆件形成较大整体系统对于外力的反应研究，以及对弹性材料橡胶进行单一构件的分析和组构系统的外力反馈研究。一系列实验和研究很好地推进了人们对利用弹性材料结构系统进行结构动态响应设计的认识。

　　另外，一些特殊的材料在动态响应结构中得以应用。形状记忆金属SMA是1938年在铜锌合金中发现的，1960年，人们制造出了一种钛镍合金TiNi SMA，这种金属具有特殊的形状记忆功能。形状记忆合金在不同温度时呈现不同形态，加热时会变得柔软具有塑性，可以弯曲成其他任意形状，温度较低时又会变得很坚硬，就像有记忆一般，神奇地恢复到构件本来的形状。形状记忆金属结构构件具有应对外界环境变化的独特行为模式。

3.营造结构的不稳定感

在传统设计中，建筑空间只是在垂直向度上叠加，在水平方向拓展，每一层空间几乎都是相仿的，建筑给人的形象也十分稳定坚实，牢牢坐落在基地之上。现代出现了许多视觉上不稳定、非均衡的建筑设计，给人带来了强烈的视觉冲击和惊讶的心理体验。

（1）结构的不稳定感

在设计中，建筑结构效能的提高依靠传力路径的简化和便捷，有一些建筑设计为强化力感的艺术化效果，有意识地将传力路径曲折化，打破传力最短路径原则，刻意营造一种失重、紧张、非稳定的力感，精心组织满足力流折返改向变化的构件形态，使建筑结构从"垂直连续"变成了"倾斜转换"，打破了人们对力的传导的常规感知体验，形成了不稳定、复杂动态的结构感知体验。

在这种建筑结构中，结构的均衡和稳定感被打破，倾斜和失稳的动态设计突破了人们的思维定式，更多地引起人们的注意，令人产生惊讶兴奋之情，从而得到力与形戏剧化的艺术体验。

例如达拉斯的威利剧场舍弃了四角立柱这种均衡稳定的常见结构方式，采用六根相互倾斜交叉的柱子，将剧院主要观演空间"吊挂"在建筑中部，建筑一层采用通透开放的玻璃表皮，凸显斜柱结构，进一步强化建筑不稳定带来的紧张感。

土耳其时尚及媒体中心采用几个空间箱体在建筑内部空腔中倾斜不均衡摆放的设计，仿佛是孩子随意摆放的积木，似乎搭构不稳，随时要塌落下来，形成了不稳定的、异乎寻常的内部空间（图5.17）。

马德里的A. M. A总部猛一看是一幢普通的横向方体量建筑，但它与众不同之处在于它的两端下部向内切角，形成了一栋仿佛是"提臀踮脚的大胖子"在跳芭蕾舞似的建筑。这么敦实的建筑如何"踮脚"呢？设计师采用斜向布置拉力构件的方法，将不稳定的角部拉结拖曳住，将

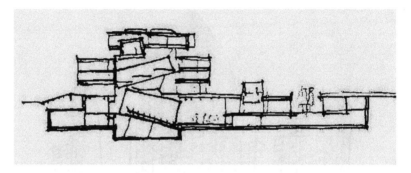

图 5.17 土耳其时尚及媒体中心剖面

图 5.18 马德里 A.M.A 总部

图5.19　霍尔　成都来福士广场

力向上拉吊，传导到顶部再传递下来。拉力构件在建筑立面中清晰地展

现出来，给人以惊讶的结构感知体验（图5.18）。

　　由霍尔设计的成都来福士广场同样采用了这种建筑体块下部切角、

开洞，形成大的悬挑结构的不稳定设计模式（图5.19）。

（2）采用印象中脆弱的结构材料

建筑师将传统认知中脆弱的非结构材料以创新性、高效能的结构
体系组织起来作为支撑，使得传统认识中脆弱的非结构材料成为坚实的
结构材料，例如织物、硬纸管、塑料复合材料等，给人们造成了认识上
的反差，进而产生惊异之感。

例如日本建筑师坂茂的纸建筑，坂茂与结构工程师Gergo Matsuide、
松井源吾合作研究纸结构建筑。在人们的印象中，纸是一种脆弱的，遇
水即湿，遇火即燃，没有任何支撑力，易于变形腐化的脆弱材料。坂
茂在长期的研究与设计实践中，发现纸可以成为一种合格的建筑结构材
料，并推动了日本纸筒结构建筑国家规范的诞生。坂茂的纸建筑采用性
能提升的纸筒，中空质量轻，便于搬运和组装，适合批量生产，无污染
绿色环保，可以回收循环再利用。他用纸筒设计制作的作品包括三宅一
生作品展廊、名古屋博览会的纸凉亭"水琴窟的东屋"、新西兰硬纸板
教堂、德国汉诺威世博会日本馆等。例如德国汉诺威世博会日本馆，这
一建筑采用隧道拱的结构形式，以传统建造中常用的绑扎法和钢索拉结

图5.20 坂茂 "纸教堂"

形成了栅格曲面式纸建筑。

　　纸建筑不仅能登大雅之堂，而且也能为弱势群体提供帮助。1994年，坂茂为卢旺达内战后流离失所的难民设计建造了"纸管避难所"；1995年阪神大地震后，他又为地震受害者建造了"纸木宅"。纸这种看起来脆弱的材料很好地满足了许多低技术、低成本情况下建造临时住宅的需要，实现了对弱势群体的人文关怀（图5.20）。

　　4.建筑的悬浮感

　　柯布西耶的《新建筑五点》中提到，新建筑的一个特征就是可以架空底层空间，使建筑飘浮在基地之上。

　　在当代大量的建筑设计中，项目建造的基地很少是一块单纯的空地，旧有的场地功能和周边的地块功能都需要在设计中认真地加以考虑，设计要解决场地和周边的交通问题，而且也或多或少面临着密集都市所带来的复合功能矛盾。

　　费诺科学中心就是这样一栋建筑，它所处的场地位于沃尔夫斯堡的重要位置，基地周边人行车行交通状况复杂，城市各主要轴线在此汇集。为了处理这些复杂的关系和化解各种矛盾，设计师扎哈·哈迪德提出将建筑提升到基地之上8米高的位置，架设在几个倾斜的混凝土倒圆锥体之上，首层地面结合车行和人行流线设计了具有动势感的人工地形，一层架空后给城市各交通流线留出了空间，同时营造了良好的景观

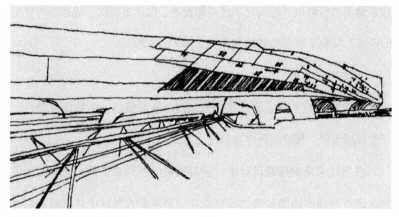

图5.21　扎哈　费诺科学中心

视线通廊。整座建筑似乎是巨大的外星母舰停泊在地表之上，显得气势
磅礴又悬浮轻灵（图5.21）。

　　伊东丰雄的仙台媒体中心也是一座有着轻盈悬浮之感的建筑，建
筑采用从下到上波折变化、海藻般摇曳的钢管柱网，细密柱网贯穿各层
空间，整合了楼梯、电梯、管线等服务功能，使得建筑空间其他部分通
透开敞，柱子的分解和垂直界面的虚化使得楼板产生了轻盈的飘浮之

感，外部通透的玻璃幕墙诚实地反映了建筑结构摇曳生姿的曼妙体态。整座建筑打破了人们对建筑均衡稳定感的固有期待，展现出一种动态轻盈的美感。

结　语　　>>>>

　　本书从建筑表皮、建筑形体、建筑空间、建筑结构四个方面阐释了建筑实体的消解这一建筑设计趋势，最后，笔者想回到原点，着重阐述建筑是建立在社会经济"大厦"上的文化和物质现象，以期说明那些炫酷的设计与构想并不是"无根之木、无源之水"，我们不能就外观而外观，为炫酷而炫酷。

　　在农业社会，由于经济不发达，地域阻隔，大量的人口从事农业生产，附着在自然给予的生产资料上，很少流动。农业社会信息流动的速度缓慢，而且大多是单向的，经济和社会发展十分缓慢，人们的一生几乎都固着在一块土地上，整体上呈现为一个几乎静止的社会。农业社会时期建筑风格的变化也极其缓慢，神权和王权在社会生活中占据主导地位，这一时期伟大的建筑作品都是为宗教或王权而造的，具有集中式、规则化、对称性特征，体现出强烈的纪念性。

18世纪下半叶开始，以英国为首的西方国家陆续进入工业化时期，人类进入了大工业化建设和快速发展时期，特别是随着全球一体化进程的快速推进，工业化与城市化蔓延到世界各个地域，人口以前所未有的方式集聚起来，在短时间内建造出大量的多类型建筑，以满足工业化生产和城市化的需求。大规模的工业化和造城运动对环境产生了极大的影响。

由于工业革命需要多快好省地建造大量建筑物，满足快速扩张的工业生产和人口增长需求，各地域的本土传统建筑形式不能满足这一需求，适应标准构件生产、装配化施工的现代主义建筑在世界各地迅速流行起来。一方面它满足了全球化进程中经济发展的需求，但另一方面也导致具有地域特征的地方性建筑快速消失，城市出现千城一面的趋同现象。

工业社会生产要求大量集中生产力和生产资料，来高效率地生产价格低、质量优的产品，打造易识记易传播的优质品牌，迅速占领市场，这样的生产方式必然决定它的生产组织结构是纵向的，层层分级管理，各级指标控制，管理方式是单向性的、严格的、规范的，反馈机制不占主导性。因此工业社会的时代精神是符合机器生产的，严谨、高效、有纪律的规范化精神，也是由少数社会阶层控制的精英文化和主流文化。

在工业社会，人类对科技高度依赖，人与机器生产密切配合，追求高效率、标准化和专业化，但过度追求机械化、高效率的生活，也让人物化成了机器的一部分。工业社会的整体发展速度大大加快了，建筑呈现出开朗、抽象、明快的空间特征，但由于对装饰和个性风格的排斥，以功能为中心的机器禁欲主义抽象风格也让人逐渐觉得现代建筑缺乏人情味儿。

20世纪60年代，在经历了长时期的经济大发展后，欧洲经济进入物质过剩的消费经济时代，多快好省地满足大部分人的基本生活需求的时代已然过去，市场的主导者由供应方转变为消费者，产品生产方开始关注人们多元化、个性化的人性需求，千篇一律的"方盒子"建筑日渐不能满足消费时代的需求，建筑思潮进入多元化时代。

进入后工业信息化时代，社会的信息传播不再是单向的，而是多向互动的，信息越过层级自由联系，管理结构也变得水平化，信息传播速度快，更替变化迅速，在文化和艺术领域也呈现出不确定、模糊化、虚幻多变的特征。这种变化反映在建筑设计领域，推动了建筑功能组织上的平面化、功能混杂和多元化。

"后现代主义 —— 反传统文化的一元性、整体性、中心性、纵深性、必然性、明晰性、稳定性、超越性，标举多元性、破碎性、边缘性、平面性、随机性、模糊性、差异性和世俗性的旗帜，彻底否定了传统文化与艺术的美学追求和文化信念，典型的后现代主义作品呈现出解构理性，躲避崇高，表象拼贴以及与大众文化合流的鲜明特征。"[①]

随着经济的发展，社会的变化，科技、文化多重因素的影响，我们可以看到，建筑展现出实体消解的特征：从崇高到体验，从永恒到瞬时，从静止到运动，从厚重到轻薄，从坚固到脆弱，从实体性到虚拟

---

① 邓庆坦，邓庆尧.当代建筑思潮与流派[M].武汉：华中科技大学出版社，2010:28.

性，从精英艺术到大众艺术，从单纯到复杂，从清晰到模糊，从封闭到开放。

笔者的阐述有意回避了对建筑思潮、建筑流派的分类和介绍，是希望从"乱花渐欲迷人眼"的"乱花"中，找到某些共性的东西；本书也无意评判什么是对什么是错，建筑思潮是一种文化现象，具有当时出现的特定理由。从长期的历史来看，这许许多多的建筑思潮是历史浪潮中的一朵朵浪花，它们汇集成涌动的波涛、美丽壮阔的历史图景。我们没有必要把其中一朵浪花照搬描摹下来，因为大浪不断向前，今天，朵朵浪花已经编织成新的图画。让我们一起欣赏这幅不断变化的时代图画，仔细分析身旁的特定现实情况，去描绘、书写属于我们自己的画卷。

我国目前经济发展尚不均衡，既有大面积的小农经济、少部分的现代农业，也有沿海的工业化大生产，甚至某些发达地区已经率先进入后现代信息化社会。作为经济发展的物质载体，建筑既有破旧的土坯瓦屋、传统的胡同里弄、20世纪五六十年代的工业厂房、排列单调的居民住宅楼，又有流光溢彩的摩天大楼、时髦的未来派建筑，在这样一个多种风格混杂的时代，这样一个过去和现在、历史和未来相互交叠的现实世界中，建筑设计不能只是一种"时装"式样，一本"菜单"。看到时髦的建筑"款式"，想想现实需求，看看未来趋势，知道学习什么模仿哪一点，会较为现实。所以一边学习一边写作了此书，作为阶段性的认识总结，与大家共同学习、共同讨论。

参考文献　　　>>>>

1. 李建军. 从先锋派到先锋文化 —— 美学批判语境中的当代西方先锋主义建筑 [M]. 南京：东南大学出版社，2010.

2. 邓庆坦，邓庆尧. 当代建筑思潮与流派 [M]. 武汉：华中科技大学出版社，2010.

3. 王班，王永国. 复杂性适应 —— 当代建筑生态化的非线性形态策略. 北京：中国建筑工业出版社，2013.

4. 王贵祥. 东西方的建筑空间 —— 传统中国与中世纪西方建筑的文化阐释 [M]. 天津：百花文艺出版社，2006.

5. 大师系列丛书编辑部编著. 伊东丰雄的作品与思想 [M]. 北京：中国电力出版社，2005.

6.【荷】约翰·哈布瑞根. 骨架：大量性住宅的另一种途径 [M].

南京：江苏科学技术出版社，1988.

7. 【英】罗伯特·克罗恩伯格. 可适性：回应变化的建筑[M].
朱蓉，译. 武汉：华中科技大学出版社，2012.

8. 大师作品系列丛书编辑部. 伊东丰雄——大师系列丛书[M].
北京：清华大学出版社，2005.

9. 【美】罗伯特·文丘里. 建筑的复杂性与矛盾性[M]. 周卜
颐，译. 南京：江苏凤凰科学技术出版社，2017.

10. 张燕来. 现代建筑与抽象[M]. 北京：中国建筑工业出版
社，2016.

11. 荆其敏，张丽安. 建筑学之外[M]. 南京：东南大学出版
社，2015.

12. 张晴. 长谷川逸子[M]. 北京：中国三峡出版社，2006.

13. 【荷】雷姆·库哈斯. 癫狂的纽约：给曼哈顿补写的宣言[M].
唐克杨，等译. 北京：生活·读书·新知三联书店，
2015.

14. 【日】渊上正幸. 世界建筑师的思想和作品 [M]. 覃力, 等译. 北京：中国建筑工业出版社, 2000.

15. 李星星. 蓝天组的解构主义建筑形式研究 [M]. 长沙：中南大学出版社, 2016.

16. 王发堂. 不确定性与当代建筑思潮 [M]. 南京：东南大学出版社, 2012.

17. 卫大可, 刘德明, 郭春燕. 建筑形态的结构逻辑 [M]. 北京：中国建筑工业出版社, 2013.

18. 季翔. 建筑表皮语言 [M]. 北京：中国建筑工业出版社, 2012.

19. 赵劲松. 建筑原创与概念更新 [M]. 南京：东南大学出版社, 2009.

20. 赵劲松, 等. 非标准建筑笔记系列丛书 [M]. 南京：江苏凤凰科学技术出版社, 2014.

21. 张为平. 荷兰建筑新浪潮："研究式设计"解析 [M]. 南京：

东南大学出版社，2011.

22. 【希腊】安东尼·C. 安东尼亚德斯. 建筑诗学与设计理论[M]. 周玉鹏，张鹏，刘耀辉，译. 北京：中国建筑工业出版社，2006.

23. 【德】温菲尔德·奈丁格，等. 轻型建筑与自然设计——弗雷·奥托作品全集[M]. 柳美玉，杨璐，译. 北京：中国建筑工业出版社，2010.

24. 戴航，张冰. 结构·空间·界面的整合设计及表现[M]. 南京：东南大学出版社，2016.

25. 刘翠. 剖面策略[M]. 北京：中国建筑工业出版社，2017.

26. 荆其敏，张丽安. 设计顺从自然[M]. 武汉：华中科技大学出版社，2012.

27. 【意】布鲁诺·塞维. 现代建筑语言[M]. 席云平，王虹，译. 北京：中国建筑工业出版社，2005.

28. 【英】彼得·柯林斯. 现代建筑设计思想的演变[M]. 英

若聪，译. 北京：中国建筑工业出版社，2003.

29.【美】鲁道夫·阿恩海姆. 建筑形式的视觉动力 [M]. 宁海林，译. 北京：中国建筑工业出版社，2006.

30.【英】布鲁诺·赛维. 建筑空间论 —— 如何品评建筑 [M]. 张似赞，译. 北京：中国建筑工业出版社，2004.

31.【美】柯林·罗，罗伯特·斯拉茨基. 透明性 [M]. 金秋野，王又佳，译. 北京：中国建筑工业出版社，2008.

32.【法】勒·柯布西耶. 走向新建筑 [M]. 陈志华，译. 西安：陕西师范大学出版社，2004.

33.【意】曼弗雷多·塔夫里，弗朗切斯科·达尔科. 现代建筑 [M]. 刘先觉，等译. 北京：中国建筑工业出版社，2000.

34.【英】尼古拉斯·佩夫斯纳，J. M. 理查兹，丹尼斯·夏普. 反理性主义者与理性主义者 [M]. 邓敬，等译. 北京：中国建筑工业出版社，2003.

35.【英】尼古拉斯·佩夫斯纳.现代建筑与设计的源泉[M]. 殷凌云，等译.北京：三联书店，2000.

36.【美】查尔斯·詹克斯，卡尔·克罗普夫.当代建筑的理论和宣言[M].周玉鹏，等译.北京：中国建筑工业出版社，2005.

37.【荷】赫曼·赫兹伯格.建筑学教程：设计原理[M].仲德崑，译.天津：天津大学出版社，2003.

38.【荷】赫曼·赫兹伯格.建筑学教程2：空间与建筑师[M].刘大馨，古红缨，译.天津：天津大学出版社，2000.

39.【英】莫里斯·德·索斯马兹.基本设计：视觉形态动力学[M].莫天伟，译.上海：上海人民美术出版社，1989.

40.【英】西蒙·昂温.解析建筑[M].伍江，谢建军，译.北京：中国水利电力出版社，2002.

41.【日】隈研吾.自然的建筑[M].陈菁，译.济南：山东人民出版社，2010.

42. 【美】肯尼斯·弗兰姆普敦. 现代建筑 —— 一部批判的历史 [M]. 张钦楠, 等译. 北京：生活·读书·新知三联书店，2004.

43. 沈克宁. 建筑现象学 [M]. 北京：中国建筑工业出版社，2008.

44. 费菁. 超媒介 —— 当代艺术与建筑 [M]. 北京：中国建筑工业出版社，2005.

45. 贾倍思. 型和现代主义 [M]. 北京：中国建筑工业出版社，2003.

46. 卢永毅. 当代建筑理论的多维视野 [M]. 北京：中国建筑工业出版社，2009.

47. 朱雷. 空间操作 [M]. 南京：东南大学出版社，2010.

48. 刘松茯，李静薇. 扎哈·哈迪德 [M]. 北京：中国建筑工业出版社，2008.

49. 刘松茯、李鸽. 弗兰克·盖里 [M]. 北京：中国建筑工业出版社，2007.

50. Laura Allen, Iain Borden, Nadia O'Hare, Neil Spiller. Bartlett设计：关于建筑的思索[M]. 杨睿，张旭，译. 北京：电子工业出版社，2013.

51.【美】约翰·香农·亨德里克斯. 建筑形式与功能之间的矛盾，吴梦，译. 北京：机械工业出版社，2016.

52.【英】菲利普·斯特德曼. 设计进化论——建筑与实用艺术中的生物学类比[M]. 魏淑遐，译. 北京：电子工业出版社，2013.